The Long-Distance Team
Designing Your Team for the Modern Workplace

打 造 溝 通 無 礙 合 作 無 間 的 成 功 團 隊

遠距團隊

Kevin Eikenberry　　　Wayne Turmel

凱文・艾肯貝瑞 & 韋恩・杜美 [著]　　林幼嵐 [譯]

獻給我們的妻子洛蕊和瓊安，
長期以來，她們一直是我們最大的支持者和粉絲，
而且常常都是遠距離。

推薦序
非關距離，向心力才是王道！

文／趙政岷

　　你大部分的工作是與他人一起進行的嗎？你希望百分之九十五的時間從事有意義的工作而不是在堵車嗎？而這些工作你是在哪個地方完成的？是在辦公室還是通勤的路上，還是休假下班後在家？或像阿基米德在浴缸洗澡時想出在實驗室做不出來的浮力原理絕妙點子？科技工具的進步加上新冠疫情的直接衝擊，愈來愈多的企業採取遠距工作的型態，但這樣工作要如何定義？工作團隊要怎麼組成？團隊績效又要怎麼評量？

　　本書告訴大家：「非關距離，向心力才是王道！」

　　作為出版人，我幾乎沒有為自己公司出的書寫序。有些時候是怕作者不喜歡，但多數時是怕順了姑意卻逆了嫂意擺不平。若都答應寫序，時報出版每月出版近四十本新書，怎麼我也看不完。但這本《遠距團隊：打造溝通無礙合作無間的成功團隊》，

我在公司內部新書會報時竟自告奮勇，想來寫篇推薦，主要是這是我長久思考的課題，是我研究的專業。

我二十世紀末在《工商時報》主編《經營知識》版長達十三年多，在那個階層組織大變革、強調扁平化的時代，各種組織的新型態如雨後春筍。有說組織要像葡萄而不是葡萄柚，葡萄和葡萄柚有什麼不同，是一個會喊「有」？不是的。是在說葡萄柚若被蟲叮了，整顆果實就壞了，應該像葡萄有各自的獨立性，一顆壞了不會影響到整串。

也有主張組織應是「達拉斯組織」。因為美國的達拉斯機場是轉運中心，許多專業顧問從四面八方飛來，在那裡集合展開工作，組織也應該這樣，因任務而聚集而結束。還有主張強調組織沒有特定形狀，會是「魚網式組織」，因著網結拉起而生，以因應變化。也有說應是「義大利麵式組織」，每盤樣子都不同。而其中最大的強調都是組織中「個人主義」的興起，像「解放型組織」，要企業做分散式的管理。或強調每個人的頭腦原本就都不相同，所以組織應是每個人都是個事業體，每人都要有目標、編預算、盤點競爭力，是各自獨立營運的「人腦式組織」。

這種種的定義有一個共通性，是在解構事業運作與工作的邏輯。在過去員工為企業效力是理所當然，甚至過去日系企業員工，是一輩子在為公司賣命。但如今Z世代成為上班族主力，

再也不是如此了。「工作當然要爲自己好」，以個人的理想滿足與生活舒適爲第一，企業目標其次，尤其是只強調爲了賺錢的企業，更令人嫌惡。在這樣世代與時代的轉變下，組織是什麼？工作如何合作？要在哪裡工作？尤其經歷過疫情的實驗，遠端團隊成爲當今企業經營管理的最大顯學。

　　我在1999年一面工作一面念完了中央大學的人力資源管理研究所，我的碩士論文題目是「網路合作關係之決定因素探討：以台灣出版業爲例」。當年網路internet還沒那麼盛行，我論文題目用的「網路」，其實是指「網絡」Network。我的研究指出，合作的關係可能是組織對組織，也可能是組織對個人，或個人對個人，我把兩造都稱爲「節點」。而節點雙方之所以會合作，必須在「交易成本加外部成本，小於內部成本」的前提下方始成立。而網絡合作關係之決定因素，可能是爲了節省前提的「效率導向」、取得資源的「資源導向」、或爲了策略需要的「競爭導向」。現在看來，這完全符合了目前大家熱衷討論的遠端團隊、遠端工作型態。要節省效率，更有效取得資源，又增強組織競爭力，遠端的工作團隊，不論跨國、跨企業、跨專業都是必要的，遠端的工作型態，不論在家工作、外包單位、自由接案、或多職工／斜槓工作，都成了新時代組織運作的管理必要。

　　但這要怎麼下手呢？本書從定義團隊開始談起，談團隊成

員的代表意義？團隊的類型？遠距（遠端／混合型／彈性）團隊
對組織有何影響？組織是誰在建立主導權？企業文化是怎麼形成
的？當我們重新思考工作時，遠距工作能產生更好的結果嗎？

　　作者指出遠距團隊就是：無論身在何處，均能透過有意識
的團隊文化、積極的能量、合作、創新和人際關係，來攜手努
力實現共同目標的一群人。只要利用溝通（Communication）、
合作（Collaboration）和團結（Cohesion）的三C模型，領導者
都能克服「距離偏見」（proximity bias）和日漸惡化的「社會關
係」，打造一個人人得以平等參與及提升價值的工作環境。書中
也提供一個協助有效地完成這項工作的流程，及理想團隊文化建
立的團隊協議。

　　當然，這是一個理想的組織設計。成功的關鍵是：「非關
距離，向心力才是王道！」當你重新設計你的團隊，打造出希望
及需要的文化願景，同仁們才會願意付出熱情、勇於承擔，並向
一個公司與個人共同追求的目標成就邁進！

　　過去三年多來，新冠疫情改變了世界很多事情，也改變了
人類的作息、生活型態及工作邏輯。這是一個不可逆的工程，不
管你願不願意、接不接受，都得迎向它、應對它！既然組織沒有
辦法只有老闆一個人在工作，那就在好好跟同仁重新商量、重新
設計吧！追求一個公私雙贏的結局，彼此尊重的承諾。距離真的

不是問題，時間真的不是問題，是不是你的固定員工真的也不是問題，這是一個新的世界、新的經營管理學習！

　　多年前《經濟學人》雜誌有個報導，為泰國南部「受僱」摘椰子的猴子做過分玩笑式的報告，計算牠們每個月大約可賺幾塊美金，換成果園主人提供給牠們的雞蛋、米飯和水果等食物，也因此獲得了主人的照顧。儘管沒人知道如果猴子可以自由選擇的話，願不願意如此過了一生？但如果把猴子換成人，這種被剝削的邏輯早已無法用在上班族身上，被剝奪的時間、自由與體力，以換來一份份薪水？如今根本不成立。不管你是否真正心甘情願？職場上「猴子工人」和「工人猴子」怎麼區別？當上班族工作自覺不斷湧現時，在職場上不論員工或老闆，你是看起來愈來愈像個主人？工人？還是只是一隻猴子？企業與成功的距離，在於公里長度、時間單位，還是人心的差異？！

（本文作者為時報文化出版公司董事長、

台北市出版同業公會理事長）

遠距團隊 ——————————— 目錄

Part 1. 第一步：界定被過度使用的詞語

作為團隊的一員代表的意義為何？團隊有哪些類型？這些對遠距（遠端／混合型／彈性）團隊有何影響？

讓我們拋開拗口的詞彙，來談談什麼是真正的文化。我們將分享一些具體的例子，說明這一點為何如此重要。

Part2. 組成要素

Part3. 為成功而設計

團隊設計的問題清單

　　以下問題將幫助你確定，對你的團隊及其需求而言重要且獨特的事物，並進行優先排序。與團隊一起使用這份清單，了解每個人對理想團隊設計的想法和觀點。

如何使用本工具

　　我們建議你將這份清單提供給所有相關人員，作為為團隊設計進行對話的前置作業。我們知道裡面有很多問題！請每個人事先思考這些問題，並記下對他們特別重要或有價值的問題。有些問題會引發非常詳細的思考；有些問題也許不適用於你的團隊，又或者答案可能很簡單。但是，每個人都需要思考這些問題的面向和範疇，這樣他們就可以開始打造自己對理想設計團隊的個人想像。

　　這樣的準備工作會讓對話更有效，也會讓每個人都更有機會提出自己的想法。

　　工作的目的。思考比任務本身更重要的事。

▶ 我們為什麼要做這項工作？我們是為誰做的？

▶ 他們的期望和需求是什麼？

▶ 上述答案如何影響團隊設計？

工作的性質。思考什麼才是被需要和被期望的工作，而不只是目前的工作而已。你要考慮的是你想要什麼和需要什麼，不是把同樣的內容打散再重新排序。

▶ 這個團隊的工作是什麼？

▶ 要把什麼東西交給誰？

▶ 客戶是誰？

▶ 我們必須如何且在何時與他們進行溝通？

▶ 此工作是以專案為基礎，還是以流程為基礎？

▶ 最終工作成果如何受到溝通的影響？

▶ 這項工作是否需要來自多個來源的作業成果？

▶ 上述答案如何影響團隊設計？

所需的角色。儘管這對現有團隊來說可能很困難，但請先不要考慮人員或名字。只要思考角色就好。

▶ 需要的角色有哪些？

▶ 完成所需工作需要哪些技能？

▶ 需要多少人？

▶ 上述答案如何影響團隊設計？

工作完成的地點與時間。先考慮工作的需求 ── 之後再考慮個人願望和現實世界的限制。

▶ 哪些任務可以獨立完成？

▶ 此工作在地點和時間上的彈性有多大？

▶ 哪些任務需要合作？

▶ 這種合作是否需要當面進行？

▶ 此工作是否需要頻繁且快速地解決問題？

▶ 上述答案如何影響團隊設計？

工具與流程。在這裡，你可以了解檢視的工具和流程，以幫助你找出差距和重疊的部分。

▶ 完成你已確定的任務需要什麼？

▶ 哪些系統和工具會有幫助？

▶ 有什麼阻礙？

▶ 還需要什麼？

▶ 上述答案如何影響團隊設計？

所需的技能與知識。考慮團隊成員的選擇、入職、培訓和發展，包括新員工。

▶ 團隊成員需要擁有或在團隊中培養哪些經驗？

▶ 需要多少業界或專業經驗？

▶ 需要哪些觀點或思維？

▶ 為了有效益且有效率地完成工作，成員需要能夠學會什麼和做什麼？

▶ 團隊需要哪些技術或特定角色的技能？

▶ 輔導需要發揮什麼作用？

這些答案如何影響團隊設計？除了關於工作本身及其脈絡的問題之外，也請一併將與三個C模型（Communication、Collaboration、Cohesion，以下簡稱為三C模型）相關的問題納入考量。

理想團隊設計中的溝通。

▶ 哪些流程和工具可以減少衝突和誤解？

▶ 哪些類型的訊息需要以何種方式分享？

▶ 同步溝通對完成工作有多重要？

▶ 對於跨團隊和跨部門的溝通，有多大程度的必要或期待？

理想團隊設計中的合作。

▶ 需要或希望工作互相依賴的程度有多高？

▶ 在完成工作成果方面，會議的作用是什麼？

▶ 對於完成這項工作，腦力激盪和解決問題扮演著什麼角色？

▶ 如何做出決策？

理想團隊設計中的團結。

▶ 團隊成員之間的關係對我們的成功而言有多重要？

▶ 信任對團隊工作來說有多重要？該如何設計？

▶ 需要多大程度的參與？該如何設計？

▶ 多元的想法、意見、經驗、觀點和背景，對成功完成這項工作有多重要？

團隊協議範例

在本書第十二章（詳見P186）概述了制定團隊協議的重要性和流程。使協議行之有效的兩個關鍵是，協議要簡潔扼要，且對每個人來說都很清楚。

這些例子不是讓你拿來當成自己的協議用的，也不是要縮短促成你們協議的對話時間；它的目的在於為你提供協議的範例，並指出你可能需要達成明確協議的一些層面。

溝通方面的範例

- 我們在衝突成為重大議題之前就先進行討論。
- 我們使用符合情境的文字和言詞進行有效的溝通。
- 我們努力有效地聆聽彼此的意見。

合作方面的範例

- 我們花時間傾聽每個人的意見和想法。
- 我們在會議結束時對行動項目進行書面記錄並予以指派。
- 我們共用行事曆和行程表，讓大家在需要時知道可以如何

或在何時聯絡對方。

- 在虛擬會議開始時，我們會將網路攝影機預設為開啟並取消靜音。
- 我們在規劃和溝通會議時，會制定明確的預期成果。
- 我們會研究非同步和同步的其他選擇，而不是直接預設召開會議。

團結方面的範例

- 我們在專案和任務完成過程中相互支持。
- 我們根據想法的優點和內容提供回饋，而不是感情用事。
- 我們會創造讓大家在社交時互相認識的機會，並了解彼此對團隊的貢獻。
- 我們給其他人一段不被打擾的時間，讓他們專注於重要專案的工作。
- 我們重視及努力維護並強化我們的工作關係。

導論

在過去幾年，工作這件事以及我們看待它的方式，已經產生了重大轉變。

當《帶領遠端團隊：跨國、在家工作、自由接案時代的卓越成就法則》於二〇一八年出版時，新型冠狀病毒肺炎的疫情還沒出現；《遠距隊友》[1]則是在二〇二一年一月份，當三分之一的勞動力突然開始在家工作的將近一年後出版。我們常聽到：「你們真是佔盡天時地利。」確實如此，但這並不是因為疫情的關係；而是因為對於工作型態如何改變及其所代表的意義，我們已經關注了將近十年了。

在這場疫情的大災難發生之前，我們如何工作、在哪工作，就已經產生變化了。儘管有很多不同，但工作的最根本要素仍然沒有改變：

- 還是有工作必須完成。

1　譯注；《帶領遠端團隊：跨國、在家工作、自由接案時代的卓越成就法則》中文版於二〇二〇年由遠流出版社出版；《遠距隊友》（The Long-Distance Teammate，暫譯）則尚無繁體中文版。

- 大部分的工作是與他人一起進行，以及為他人而做的。

- 在百分之九十五的時間裡，有百分之九十五的人都希望從事有意義的好工作。

- 主角是既令人驚羨卻又混亂的人類。

以工作、團隊合作以及如何使團隊一起取得出色工作成果為題的文章，多到不是我們任何一個人可以讀得完的。其中大部分原則仍然存在，但是，工作環境（人們工作的地點、時間和方式）和我們對工作的概念（工作如何融入我們的生活，以及我們希望工作是什麼樣子）已不可同日而語。

讓我們明確一點，這本書並不會「讓團隊在後疫情時代順利運作」。事實上，當你在閱讀時，會發現書裡很少具體提到全球疫情或其對團隊的衝擊。這有部分是為了讓本書更不受特定時代的侷限，同時維持住整體的重點。然而，另一部分也是因為這種轉變，並不是隨著某種特定病毒的出現而突然發生的。我們工作的方式，已經在我們的周遭改變了。這個發生在二〇二〇年初期的事件，只是讓所有人、不管願不願意，都更明白對於工作和職涯的舊有思考方式已經改變了而已。這些事件讓我們不得不加快重新審視我們的假設、行為和決策。關於這種新的工作觀，我們稍後將在第五章進行更多討論，但此一背景為本書奠定了基礎。

　　工作、團隊、團隊合作以及我們進行上述工作的文化，仍然將維持它們的重要性。既然這些事物都在變化，那麼我們思考、設計和刻意打造這些事物的方式也必須改變。

　　在《帶領遠端團隊：跨國、在家工作、自由接案時代的卓越成就法則》中，我們鼓勵領導者「先考慮帶領團隊這件事，再考慮地點」。我們的意思是在你的角色中，並不是所有事物都是全新的──但這新事物非常重要。本書也是如此。對於許多你已經了解的內容，像是組成團隊或如何協助成員順利合作等的傳統方式，我們不會再帶你回顧。相反地，我們將協助你在一個人們可能於不同地方、不同時間或用不同方式工作──也許還永遠不會（或極少）見面──的世界裡，有意識地設計或重新設計團隊。

　　在這個（迅速）轉變的工作世界背景下，本書著重於兩個關鍵且相互交織的因素：團隊設計和團隊文化。

這些詞是什麼意思？它們有什麼不一樣？

我們承認在我們自己及客戶之間，都很頻繁地討論這兩個詞，而且它們經常被交替使用。從某方面來說，它們都是關乎工作如何完成。然而，我們認為其中存在著重要的差異；了解這些差異，將為我們在工作領域中對兩者進行更妥善的調整與應用，奠定良好的基礎。簡而言之，我們認為**團隊設計**是我們如何以工作的本質為中心進行組織，而**團隊文化**則是我們每天進行工作的方式。讓我們說得具體一點。

團隊設計

團隊設計涉及框架、結構和形式，至少會經過概略地預先規劃（接下來還會有更多相關內容）。團隊設計針對的是工作的內容、目的、時間和由誰完成。我們有意識地設計團隊的方式需要改變，而我們將藉由書中的觀點和實踐來協助你達成。其中包括以下內容：

- 我們如何組織及定義團隊？
- 團隊之間的報告結構和連結通常是什麼樣貌？
- 團隊設計如何被反映在涉及人們工作地點和時間的規定及工作描述中？

在過去，這是透過歷史觀點、傳統和公認標準來確立，並由框架和組織結構圖定義的。面對我們周圍的各種變化，傳統可能是一個好的開始，但過度依賴傳統不會有什麼好處。相反地，團隊設計（如果你的組織、團隊或專案是新的）或重新設計（如果團隊已經存在，但可以更有效率）應該取決於工作本身的需求。

團隊文化

團隊文化涉及的是我們如何工作，而不是結構。它更關乎日常行為、工作環境，以及人們工作時的感覺。團隊文化與團隊設計是分開的，因為可能會有結構非常不同但文化卻相似的情況──也可能存在著結構相似文化卻迥異的例子。文化不必刻意設計；它在每個群體中都存在。在一些外部決策和原則推動團隊設計的情況下，團隊文化會隨著人與人之間的互動及互相適應而自然產生。它包括了以下內容：

- 投入參與、責任感及承諾的層級
- 關係及信任度是否堅定
- 我們如何應對改變
- 學習的角色
- 我們對彼此的期望為何

團隊文化始終存在。有些人施加壓力,想讓我們回到以前的文化版本和願景——彷彿那是某種黃金時代的感覺。成功的組織、團隊、主管和個人會有意識地尋求一種理想的文化,並努力朝此目標前進。在這個新的工作世界中打造並努力實現理想文化,將為每位參與者帶來全新且令人興奮的成果。

本書將協助你達成這兩點——為了每個人的成功,來設計或重新設計你的團隊;打造你所希望及需要的文化,並且向它邁進。我們知道這不是一勞永逸的解決方案;設計團隊及重新定義團隊文化是一個持續進行的過程。我們希望為你提供在這趟旅程中,所需的工具和資源。

讀到這裡你可能會想,團隊設計、工作和文化之間是如此密不可分,因此你無法將它們切割開來;追根究柢,這些概念確實是相互關聯的。然而,倘若我們想要擁有高效率的團隊和組織,使其既能出色地完成工作,同時也能與進行工作的人建立密切連結、以使之感到充實並為之創造樂趣的方式完成工作的話,我們就必須先將這些要素分開。

我們將刻意把團隊設計(或重新設計)和團隊文化發展的概念分開來看;如此一來,它們在現實世界中的結合就能夠創造卓越的綜效——即使是在團隊遠距運作的情況下也是如此。

我們在撰寫本書時，考慮的是你的長期成功。有些觀點在我們之前的著作中已經提過，雖然本書是獨立的，但是其他書裡的觀點，與本書中的觀點和行動必然有所連結，也為其提供了依據。為什麼？因為出色的團隊合作的基本要素，和遠距工作的挑戰是一致的，不管你的正式職位為何都適用。

無論你是中高階領導者、第一線主管或是希望協助形塑工作環境的個人都無所謂，本書將提供各種想法、問題、練習和資源，可以幫助你設計出你想要的團隊和文化。只要你照著本書進行，就能一貫地打造出極度成功的遠距團隊。

Part 1.

第一步：
界定被過度使用的詞語

在商業書籍中，詞語受到濫用的情形十分普遍。問題在於，不管人們是否真的理解這些詞語，或只是不想讓其他人覺得自己很落伍——或愚笨，大家都會點頭，彷彿他們是真懂。我們如果要直接進入正題，就必須先退一步來釐清這些詞語的含義。我們的前幾章會如此進行，為接下來的內容做好準備。

Chapter 1.

什麼是團隊？它為什麼重要？

　　克莉絲最近獲得升遷，成爲一支軟體開發團隊的專案經理，她的團隊主要來自三個不同國家，大多數成員在家中遠端工作。團隊中有幾名成員以前曾因其他專案共事，但也有很多公司的新人。她有六名直屬下屬，但每個人都在執行自己的任務，很少與其他團隊成員交流。雖然工作都能完成，但她並不覺得他們是一個團隊，而只是一群都透過她在工作的人。即使任務都完成了，也符合截止期限，她還是會想是不是少了什麼。

　　過去的幾年改變了我們工作的方式。當在家工作的現象突然激增時，許多領導者只專注於如何讓組織繼續運轉。當人們不在同一個地點工作時，他們還能在指定期限前把工作做好嗎？成員是否願意付出額外的努力並且在溝通上盡力，以維持住這兩項卓越團隊向來具備的特點呢？在我們回到辦公室之前，我們是否仍能（象徵性地）保持大門敞開、繼續營業？

　　這些疑慮在過去和現在皆很重要，但它們都集中在眼前的

問題上——也就是我們許多人所謂的滅火。雖然領導者總是很容易就一直處於滅火模式，但我們必須放下消防水帶，展望未來。人們需要在何時何地工作，才能創造佳績？我們能否以自己從沒想過的新方法有效地合作？雖然前幾年的疫情迫使我們思考了這其中的一些問題，但我們不能讓自己對前瞻性、積極性和企圖心的需求，淪為只是應對疫情的單一反應而已。

我們在各組織之間最常聽見的其中一個問題是：「當我們並不是隨時都在彼此身邊的時候，該如何打造出『一個團隊』的工作環境？」

既然你已經在本書上花了金錢與時間來閱讀，表示你本人可能就處於這個階段。你想要的工作環境，不只是個人只為同一位主管工作並隸屬於其下而已。無論你是一名正在尋找理想工作場所的個人貢獻者、負責完成工作的經理，還是一名身負雇主首選之重任的資深領導者，都有個共同點：就是希望成為一支高效率且創新之合作**團隊**的一員。不管你是帶領一支已經共事多年的團隊、接手一個現有的部門，抑或是從零開始，只要你思考過這些問題的答案，就會更加成功：

- 要完成工作，需要哪種類型的團隊？
- 你想成為何種類型團隊的一分子？
- 你能打造出一種符合這些期望的團隊文化嗎？

　　這些問題都非常重要，爲它們提供解答是本書的重點。然而，有個詞語若沒有清楚的定義，就沒辦法眞正回答這些問題。

　　當我們使用「團隊」這個詞的時候，我們指的是什麼？

　　我們的老朋友《韋氏字典》（Merriam-Webster）是這麼定義團隊（team）這個詞的：

　　1. 在運動、比賽等活動中與其他團體競爭的一群人。

　　2. 爲實現某一目標而一起努力的一群人（就我們的情況來說，我們可以假設一起指的不一定是物理上的一起）。

　　3. 用來拉馬車、手推車等的一群動物。

　　假設你不是運動員或公牛的話，第二種定義適用於我們大多數人。嚴格來說，前述故事中的克莉絲的確有個團隊，那些各自執行任務並向她回報的所有聰明工程師都是她的**團隊**。但她認爲這並不是個令人滿意的答案（你或許也這麼覺得）。要成爲一支優秀的團隊不只是因爲大家共有一個主管而已，其中必定還有其他要素。

　　我們也是這麼想的。

小練習

　　拿出白紙和筆。（你也可以用電腦或手機，但請相信我們，以身體感知的方式參與的話，效果可能更好。）

　　設定五分鐘的倒數計時器。計時開始後，寫下你認為與**團隊**這個詞相關的所有詞語，不管是正面還是負面。時間到之後，停下來看看清單，你想到的詞語有哪些？

　　每個人的清單都會不同，但這個練習我們已經做了二十幾年，你的清單很有可能包括下列這些詞語：

- 有幫助的
- 相互配合的
- 合作的
- 友好的（或至少有同事關係）
- 給予支持的
- 專注於目標
- 大於個體之總和

你大概也會納入某些你也許認為是負面的詞語，例如：

- 衝突
- 異議

- 無法做決定
- 沒有效率的合作

　　現在停下來看看你的清單。如果你是某個現有團隊的一分子，哪些詞語反映出了你目前的眞實情況？我們敢打賭，你列出的一些特點目前就存在；畢竟你們已經合作了一段時間，工作也得以完成。其中還會有一些優秀團隊的特徵是你想要——但不是每次都能體驗到的。

　　無論你所在的團隊是全新的，還是已經成立了一段時間，我們要分享的整體流程都一樣。只要你的理想與現實之間存在著差距，就是還有進步的空間。在接下來的幾章中，我們將深入演繹此項練習，並將其轉化爲行動。

　　有句古老的中國諺語說：「種樹的最佳時機是二十年前，其次是現在。」無論你的團隊已經合作多年、還是你正在從零開始，此時此刻都是有意識地設計你的團隊應該是什麼樣子、能夠是什麼樣子的好時機。

　　要設計一個團隊，你的首要任務是知道自己想要實現什麼目標，並識別出這樣的成果在哪些條件下得以實現。

　　多年來，凱文一直在撰文討論兩種截然不同的團隊，我們認爲這種區別還沒有得到足夠的重視。這兩種團隊類型分別是互

賴團隊和獨立團隊；讓我們借用一個體育上的比喻來協助我們理解。

互賴團隊

籃球隊（或足球、曲棍球隊）是互賴的團隊。這類球隊運作的性質，要求每個人都要團隊合作。在這些運動團隊中，隊員們相互依賴。任何一場比賽的任何時刻，為了取勝，整個團隊皆需要協調一致地互相配合。每位球員的角色都是由他們的位置所決定（這必須將他們的先天優勢和後天技能納入考量）。然而，在比賽過程中的每一刻，任何球員都可能因為情勢所需轉而扮演任何其他角色，並用上部分相同的技巧。

在這類型的成功團隊中，所有成員都願意靈活應變、提供協助、改變角色、「竭盡所能」，因為他們知道如果不合作，就無法實現團隊目標或取得勝利——比賽的本質迫使團隊成員之間必須互相依賴。

在現實世界中，客服團隊就是一個這樣的例子：團隊成員依賴所有隊友的知識和經驗，以盡快解決問題，然而每個成員都能夠處理郵件和接聽電話。

獨立團隊

另一方面，田徑隊的運動員（一些接力賽事除外）則是屬於**獨立團隊**。鉛球選手的技能組合與短跑選手的技能幾乎無關；而身為一位跳高選手，即便沒有長跑選手為其提供具體的協助或支持，他也能磨練個人的技巧並獲得勝利。銷售團隊通常也是這樣的獨立團隊。

在一天（或比賽）結束時，如果有足夠的人達陣，就是團隊的勝利。這些團隊中最成功的團隊，會擁有極具天賦的個人貢獻者，彼此支持以實現獲勝的共同目標。如此看來，他們當然是一個團隊。在最好的情況下，他們會對團隊感到忠誠，並因為自己是其中的一員而感到自豪。他們希望彼此成功，因為他們知道如果每個個體都更成功的話，他們自己也能更上一層樓。隊員也許有共同的目標（贏得比賽或冠軍），但選手之間的基本關係與籃球隊、足球隊和曲棍球隊不同。

這為什麼很重要？

在你的組織中，很可能同時存在這兩種類型的團隊。有些團隊是在流程或專案中工作，一人的輸出會直接影響下一個人的

作業，工作和人員之間是高度相互依賴的。而在其他情況下，人們會為一個共同的任務和目標而努力，但他們的工作方式幾乎不像高度互賴團隊一樣環環相扣。

這種差異之所以重要，是因為根據我們的經驗及圍繞著遠距團隊的多數討論中，人們總是假設我們擁有、也渴望擁有的是互賴團隊。如果工作或專案需要互相依賴的團隊，那的確很好。但是，如果你有的是一支田徑（獨立）團隊，你就不需要同樣著重於互賴和傳統的團隊建立活動，也不會有相同的互動和合作需求。

如果你是在帶領、建立團隊，或本身是團隊的一員，你就需要考慮這種差異；我們將在本書中為你提供協助。一旦確定了自己想要和需要的團隊類型，你就可以設定適當且符合預期效果的期望，並且據此進行設計。

最後，來看看定義

為簡單起見，讓我們這樣定義一支優秀的團隊：

一支優秀團隊，是透過一個有意識的團隊文化、積極的能量、合作、創新和人際關係，來攜手努力實現共同目標的一群人。

那麼，遠距團隊就會是：

一支優秀團隊，是透過一個有意識的團隊文化、積極的能量、合作、創新和人際關係，來攜手努力實現共同目標的一群人，無論他們身在何處。

說到這裡，我們也許應該具體說明一下與團隊相關的一些用語。無論人們是否在相同地點工作，我們的定義都適用。所有團隊的運作方式皆大同小異，但遠距團隊則在形態上有所不同，它們之間存在著細微的差異，我們將在接下來的討論中一一闡述。

現在，讓我們從三種型態來思考它們：

- **遠端團隊（Remote Teams）**：成員不共用工作空間的團隊。他們可能在家、也可能在遠端辦公室等第三方空間工作，但很少親自見到本人，幾乎完全藉由科技溝通。

- **混合型團隊（Hybrid Teams）**：一些團隊成員在某個集中地點或辦公室工作，而其他人則會在某些時候或全程遠端工作。基本上，沒有人會一直在相同地點同時作業。此型態有無數種組合，每種組合都有需要考慮的細微差異和挑戰。

- **彈性團隊（Flexible Teams）**：其工作性質可能就決定了它對何人在何時何地工作皆無硬性規定；他們在任何一天

都可能在辦公室——也或許不在。

在這些型態中，沒有哪一種是「正確」的，只有你適合的、以及你想設計的是哪一種團隊。本書會協助你思考所有這些選項及變數。

現在，我們已經定義了什麼是團隊，接著就來談談你想要擁有的，是哪種類型的團隊。讓我們來聊聊團隊文化。

Chapter 2.
什麼是團隊文化？

　　茱莉亞努力學習領導力方面的知識。她認為她能夠相對快速地在組織中崛起，歸功於她在理解如何領導和應用領導力概念方面的勤奮和嚴謹。團隊文化是她讀過的主題之一。儘管許多主題對她來說已經變得愈來愈清晰，但還是有一些主題，例如文化，仍然有點神祕。她還在努力理解團隊文化與她日常工作之間的關係，以及作為一名領導者，她該如何利用這些知識來造福她的團隊和組織。

　　有些詞語，包括**團隊文化**，成了時下的流行語。它們之所以成為行話，是因為它們很重要，也或者有很多人對其概念很感興趣。隨著它們被過度使用，就失去了大部分的意義。茱莉亞就是這樣覺得的──她很聰明，而且願意學習；然而，當會議中提到**團隊文化**這個詞時，她只會像其他人一樣微笑著點點頭而已。

　　茱莉亞並不是唯一一個有這種感覺的人。對大多數人來說，它的詞義並不完全清晰，而且已經被過分複雜化了。我們現

在就要改變這種情況。

　　你是否曾漫步於森林小徑？如果有，你就會知道，即使你能看到眼前的樹木，但還是很難描述整座森林。在那一刻，對你來說，森林就是樹木──因為你看到的只有周圍的樹。當你的眼裡只有……樹木的時候，就很難辨認出樹木排列的樣子、範圍和更大的視角。

　　團隊文化就有點類似這樣。你每天上班，看到的只有工作。隨著時間的推移，你會意識到某些規範或方法，就只是公認的現實而已；它們是「我們在這裡的工作方式」。如果你在好幾個地方待過，你可能會開始看到不同地方之間的差異，假使真是如此，你就開始「懂得」團隊文化的涵義了。

團隊文化？

　　雖然這個概念很簡單且無所不在，但我們還是要為團隊文化下個定義，並舉幾個例子，然後分享一些與它相關的其他重要觀點。團隊文化是……

- **我們在這裡做事的方式**。這是我們最簡單的定義。如果你想在新的工作崗位上迅速取得成功，就要找一個能幫助你了解這一點的人。這不僅僅是原則和流程的問題。說明組

織信念的紙本內容固然重要，但沒有白紙黑字寫明的東西更有力量。在培訓時和流程裡寫的「我們在規定的工作日內回覆客戶的電子郵件」是一回事，但他們什麼時候才能夠真的得到回應呢？一個團隊的文化包括不成文的規則和常態，以及人與人之間的辦公室政治動態，既有所助益，也有不利之處。

- **我們被告知（然後又告訴別人）的故事**。如果你在組織中反覆聽到的官方和非官方故事，都是關於員工為顧客服務的英勇事蹟，那就反映了公司對客戶服務的重視程度；但要是你聽到的故事，是為了達成業績而不顧標準地出貨，這也傳達出某種訊息。每個組織都有這樣的故事，它們所傳遞的訊息會成為其文化的一部分。對了，那麼當我們聽到一個故事時，我們會怎麼做？我們會再告訴其他人。如此一來，文化就會變得更加深入。

- **讓你獲得升遷的行為**。人們獲得升遷的原因，是因為他們會為了追求個人地位和榮譽而六親不認嗎？或因為在公司價值觀中忠誠是一種優點，因此升職是依據其在職的年資或服務年限？還是人們之所以升職，是因為他們有能力勝任下一個工作崗位？促成升遷的行為——也就是定義成功的行為——是團隊文化中根深蒂固的一部分。關於哪些行

為會讓你獲得升遷的**認知**，至少與實際情況一樣重要。

- **受到認可的事情**。在公司通訊、每季的全體會議上提及的，或在你的績效考核中獲得認可的事情都很重要。如果這些線索都提到了個人的成就或努力，那它很可能比網站上或價值觀聲明中的所有「團隊合作」口號更為重要。

- **組織所秉持的價值觀**。大多數組織，無論其規模大小或歷史悠久與否，都有一套明文規定的價值觀。這些價值觀被掛在會議室牆上、在新人培訓和入職流程中被討論，並自豪地張貼在網站上。這些價值觀是組織文化的一部分，但只有落實到實際生活中，才能具體呈現。

無論白紙黑字寫著的是什麼內容，確立了真正的價值觀的，是故事、例子和個人觀察。這些付諸行動的價值觀，是組織文化的基石。

除了上述的定義說明之外，這裡還有一些關於文化的其他真理。文化它：

- **無所不在**。沒有什麼組織、團體、團隊或家庭是沒有文化的。家庭聚會和假日會發生什麼、會提供什麼食物等等，你都知道。我們通常稱之為傳統，但其實這就是文化——

我們在這裡做事的方式。如果你去參加不同家庭的類似聚
會，你可能會感到茫然和稍微不自在；之所以會有這樣的
感覺，有些就是來自文化的差異。

- **是自然而然形成的。** 正如同沒有樹木就沒有森林一樣，沒
  有人就沒有文化。但是一旦有了人類，他們就會開始互相
  了解，並確立不成文的行事方式。人們會帶著自己的價值
  觀、人格、性情和過去的經歷；所有這些因素融合在一起
  後，創造出一種以前不存在的文化。

- **會不斷地改變。** 當情況、參與者、環境或情境改變時，文
  化也會隨之改變。假使有人結婚後開始參加家庭聚會，文
  化就會稍微變化。若有人為節慶晚餐聚會帶來一道新菜，
  後續又帶了第二次的話，之後大家就會有所期待。儘管這
  些變化可能很小，甚至一開始幾乎察覺不到，但重要的
  是，要意識到文化是可以、而且確實是在改變的。

- **不是我們無法掌控的。** 這一點很重要！儘管文化會自然而
  然地轉變更迭，就像它無需計畫就成形了一樣；但它是可
  以改變、改進和調整的。在一個不斷變化的工作世界中，
  我們可以採取一些做法，來調整並打造我們想要和需要的
  文化。這是你的團隊和組織未來成功的關鍵之一。

團隊文化的層面？

　　凱文在密西根州西部長大，距離密西根湖以東約十英哩。這個龐大的水域在一年的各個季節都會改變當地的氣候。湖邊的氣候與他的農場氣候不同——夏天在湖邊較涼爽，而農場則比較溫暖；冬天卻可能相反。距離密西根湖愈遠，這種差異就愈明顯。甚至在同一個田野範圍內——在丘陵和低地之間——不同位置的差異更大。

　　因此，雖然密西根州梅森郡有自己的氣候，但根據特定的地理位置也會有各種微氣候——許多微氣候的存在。這些微氣候都與密西根州梅森郡的大氣候完全不同；而密西根州梅森郡的大氣候，又與華盛頓州梅森郡（靠近西雅圖）的大氣候相去甚遠。

　　相同地，你的組織也會有很多種文化。具體來說，我們可以說有兩種類型：

　　大文化（Macroculture）：指的是整個組織的文化規範。這是基於組織的信仰、經驗、傳統和歷史而形成的。

　　微文化（Microculture）：指的是個別團隊的文化規範、行為和期望。這是我們每天感受和體驗到的文化。

　　就像我們的氣候例子一樣，微文化與大文化相輔相成，但又可以擁有顯著的差異。不同團隊、部門、國家等都可能存在多

種微文化。我們將在第九章對所有這些內容,進行更深入的討論。

小結

團隊文化之所以重要,是因為儘管它在大多數情況下是看不見的,但卻強大而無所不在。我們認為團隊文化就像一根推動著我們組織或團隊的無形大槓桿,影響著生產力、員工留任率、顧客滿意度……幾乎所有的一切。一旦你看到了這根槓桿,就可以開始調整它,讓組織朝著新的方向前進。阿基米德說:「給我一根夠長的槓桿和一個支點,我就能舉起地球。」你不需要舉起地球,而是只要讓你的組織動起來就好。只要你理解了什麼是團隊文化,你就擁有了創造這種變革的槓桿。

但團隊文化從何而來?誰決定團隊文化是什麼,什麼屬於(或不屬於)做事方式的一部分?制定規則的又是誰?答案很簡單——就是身為該團隊文化一分子的每個成員——但我們是如何實現的,卻又更加複雜。接下來我們將深入探討這個問題。

Part 2.

組成要素

要實現「現代工作環境」，我們首先必須考慮一些關鍵因素，包括主導權，以及在設計之前先打造一份清晰的工作藍圖。我們將討論這些問題，並介紹三C模型，它會在本書的其他部分引導你的思考和努力。

Chapter 3.

建立文化的主導權

　　小周不確定自己是否找到了適合的工作。當他與專案經理進

行面試時，工作內容聽起來節奏快速、充滿活力又有趣。但自從

他得到這份工作之後，一切似乎都需要花很長的時間。來自組織

其他部門的決策要等到天荒地老，而且經常與專案團隊要實現的

目標互相矛盾。此外，內部溝通也比他習慣的要正式得多。公司

的大文化似乎與團隊的微文化大相逕庭。決定公司文化的，應該

是團隊還是公司？他該怎麼辦？

主導團隊文化的是誰？

　　我們已經說過了，團隊文化的簡單定義是「這裡做事的方

式」。

　　誰說的？

　　資深主管團隊是否曾圍著一張桌子坐好，決議「我們想要

讓我們的運作方式變得非常制式化、有條不紊」了？經理在組織

新團隊時是否會傳送備忘錄，宣布「好，從星期四開始，我們就要開心工作、不怕冒險」？新成員加入團隊時，是否爲了完美融入及保持團隊文化的原貌，而犧牲他們的個性和工作風格？

很多時候，似乎沒有人真正負責打造文化；它只是隨著時間的推移而逐漸形成和改變而已。這種情況當然可能發生──而且確實經常發生，這就是爲何我們很多人對團隊的工作方式感到不滿的原因。

本書的主要目的之一是幫助你構思、設計並採取具體步驟，來打造最符合你所從事的工作、以及與你共事的人的文化。但上述的團隊文化終歸是誰的責任？誰來決定事情應該如何進行──更重要的是，誰有權決定衡量的標準和流程，來確保這些期望得以實現？

我們的工作方式是由最資深的領導者決定嗎？還是在團隊這個階層的人決定的？又或者是由我們每個人個別決定，正如同我們每天執行工作的方式所呈現出來的？

資深主管、部門經理以及其他每個人，都爲我們組織的大文化和微文化做出了貢獻。由於我們是貢獻者，所以我們也負有部分的責任。那麼，打造團隊的文化，該由誰負責呢？

資深領導者的角色

如果你是資深領導者，你就已經知道，對於在該組織工作以及成為其中一員所代表的意義，你也扮演著部分的角色。在組織結構圖中，人們會向位居上層的人尋求行為的暗示。你的下屬會觀察你的工作方式，並希望從你那裡獲得有關如何進行業務的指導。他們甚至可能會閱讀並關注公司發布的崇高使命和願景聲明。

這裡有個矛盾。儘管你在制定方針守則方面可能有驚人的影響力，但你並沒有做多少日常工作。你既不和客戶打交道，也不負責出貨；然而，那才是微文化得以形成和鞏固的地方。

在熱門電視劇《臥底老闆》（Undercover Boss）中，執行長偽裝成普通員工，親自參與企業的一線工作。不可避免地，他們會發現實際的工作與他們的假設天差地遠。人們很容易責怪他們「與現實脫節」，或「只會待在象牙塔裡，事都是我們在做」。但為什麼會出現這種脫節的現象呢？

這並不是說大多數高階領導者漠不關心，而是他們的工作與倉庫裡履行訂單的人完全不同，因此他們的視角和經驗也不會一樣。

有時，這是歷史所造成的。如果你是一家企業的創辦人，

那麼企業文化很可能直接源自於你創業之初的經營方式。現在讓我們舉一個我們自己公司非常切身的例子。

就像許多企業一樣，凱文・艾肯貝瑞集團是由凱文一個人開始的。當初並沒有什麼「集團」，只有一間多出來的臥室；凱文在臥室裡的辦公桌前，努力讓自己的公司起步。他當時並沒有試圖打造什麼企業文化；他本身就是企業文化的具體呈現。從工作手冊的外觀到名片和公司標誌的顏色，再到他進行行銷的企業對象，每一個決策都反映出他的個性、道德觀、喜好和工作風格。隨著公司的成長和團隊的擴大，他得以挑選那些他認為適合的團隊成員，因此即使公司規模愈來愈大，做事的方式仍然反映了他的個性。

現在已經過了二十五年多。儘管公司還是使用他的名字繼續經營，他也仍然深入參與，但他不會也不應該（而且也無法）親力親為。他有一個負責與客戶互動的行銷團隊，而凱文可能永遠不會與這些客戶見面或交談。雖然他會指導工作坊的教學內容，但他並不總是親自授課；而且，在我們設計某些解決方案的時候，他也只是間接參與而已。

韋恩除了是本書的共同作者之外，他也在公司裡擔任重要角色。作為業務中遠距領導部門的產品經理，他的工作風格與凱文截然不同，他們的工作也反映了這些性格差異。韋恩不太受制

於系統，更傾向於即興。他有一種古怪的幽默感，給人大膽和外向的印象，而凱文則顯得比較冷靜，做事有條不紊。

多年來，團隊的新成員改變了我們的文化，這並不是壞事。對於與我們一同拓展業務的方式，大家有一致的看法，也一起打造出共同的願景。關於如何與客戶合作以及我們工作的重要性，我們抱持著相似的信念，也對工作品質與對待團隊成員的方式懷有共同的承諾；只是我們現在的工作方式，與凱文獨自在空房間工作時不同而已。

如果你是一家成熟組織的高階領導者，那麼當你入職的時候，已經存在著某種組織文化了。但若你是從基層晉升上來的，你可能會對事情的運作方式感到更自在和熟悉——畢竟你對此組織文化的形成也有所貢獻。假使你是從公司外部加入的，你則可能還在試著了解人們是如何共同合作，來讓業務蓬勃發展。

正如凱文在公司成長過程中所學到的那樣，高階領導者可能對企業文化產生很大的影響，但直接的控制力卻小得多。他們可以招募適合的人才，集思廣益討論出指導決策的願景和使命宣言，並以符合品牌形象的方式向大眾行銷——做好這些工作就是高階領導者的職責。

當兩三個人聚在一起為客戶提供解決方案時，他們會按照自己的方式工作，並提出領導者可能沒想到或不知道的解決方

案。這些決策愈是在沒有領導者參與或監督的情況下達成,團隊的微文化與公司的大文化之間差異就愈大。

如果他們無法直接控制文化,那麼高階領導者的角色會是什麼?

- 為文化打造出被有意識地改進的空間(本書後面有更深入的討論)
- 在組織內部和外部傳達文化和價值觀
- 建立流程,以支持和強化被期望的行為
- 在整個組織中示範他們所期望的態度和行為

傳達公司的文化與價值觀

當你身為領導者時,人們會期待你指導事情應該如何完成。隨著組織規模的擴大,個人對整個公司的接觸會愈來愈少,因此往往轉而專注於自身團隊或業務部門的工作。行銷、工程和業務部門的工作方式往往大相逕庭,但將他們團結起來的一點,就是他們都在為你的組織工作,而且「我們有自己的做事方式」。

只有高階領導者,才對公司的所有部門擁有在企業倫理和職位上的雙重權威。如果你希望每個人都分享相同的價值觀和行

為，他們會需要聽到一個一致的訊息，並知道該訊息（以及相關行為）將得到獎勵和強化。

建立支持文化的流程與系統

你如何招募對的人、培訓他們以正確的方式工作，以及你對公司所重視之行為的認可和獎勵，這些對高階領導者來說都非常重要。人們每天的工作方式，是否反映了他們自認身為企業一分子的期望？

韋恩在職業生涯早期就遇過這樣的例子。他曾在南加州一間家族經營的汽車經銷商工作，管理階層花了很多時間談論他們與其他經銷商的不同之處，因為他們「像一家人一樣工作」、「互相幫助，為客戶做對的事」。但他們的銷售記錄是寫在白板上的，每位業務代表的當日業績都會公告給全世界看，報酬則完全基於個人業績——因此，對在完成訂單時遇到麻煩的同事（通常是韋恩）伸出援手，只意味著同事將獲得獎金，但你自己卻失去了銷售的機會。理想的文化（合作和團隊精神）就被這種制度破壞殆盡。

儘管經營者理所當然地希望打造一種團隊合作的文化，但主要的制度——在這個例子是薪酬制度——卻鼓勵員工為了自己

的業績而犧牲同事。

　　這裡說的原則不只是薪酬制度而已，相關例子還多得是，但我們之所以選擇這個例子，是因為它是被期望或宣稱的文化，和實際結果之間常見的不一致。

　　如果留住優秀人才對你來說很重要，那麼你的公司培訓和獎勵新員工的方式，是不是反而促成了造成高流動率的用人方法？這只是高階領導者在實際工作和成果中發揮作用的另一個例子。

高階領導者需要樹立文化典範

　　組織的其他成員是如何看待高階領導者的？他們是否「言行一致」？有個簡單的例子，就是大家如何看待和談論失敗。如果你想要打造的企業文化是創新，那麼就一定會有失誤——有些可能代價高昂；但若你的企業文化注重卓越的執行力，則對錯誤的容忍度就比較低，完美才是重點。

　　你組織中的主管們是如何談論失敗的？這是否符合你的期望？進行產品報告和汲取經驗教訓的過程是什麼？員工是否會因為擔心失去工作，而不敢直言或冒險嘗試？

打造改善文化的空間

高階領導者都很忙，經常忙得沒有時間過問事情的進展。即使他們意識到自己對企業文化的責任和影響，但也無法了解公司內的每個部分，因此往往對其中的微文化一無所知。

他們需要認清，對企業文化的評估和深思熟慮並非一勞永逸；它是一個過程。納入像是NPS（Net Promoter Score，淨推薦分數）這類的評估工具、在整個組織中持續收集意見回饋，以及認眞看待離職面談，都是很好的示範。這就是爲什麼我們鼓勵高階領導者定期思考以下兩個問題：

- 你的公司宣稱自己擁有的，是怎樣的大文化？
- 你日常的領導行爲如何傳達、反映和支持這些行爲？

團隊主管的角色

組織中的大部分工作都是在團隊層面完成的。身爲團隊主管，我們每日都有非常具體的目標有待實現，也有必須完成的任務。我們和高階領導者不同，每天都與自己團隊中的同一批人一起工作。這種持續的互動，有助於打造和強化我們團隊的微文化。

關於領導團隊，有一個殘酷的事實——「人們不是離職，而是離開主管」這句老話說的是真的。人們離開他們團隊或組織的主要原因，是他們和主管的關係，以及主管帶人的方式。雖然團隊主管不為團隊文化的每個因素負責，但他們的重要性往往比他們自己意識到的更高。

團隊主管、專案經理和經理人員在企業文化的形塑方面擔負著重責大任，包括：

- 成為團隊與組織大文化之間的主要連結和橋樑
- 負責協助新人適應並融入團隊的工作方式
- 以身作則地示範打造理想文化所需的行為和態度

只要仔細檢視這三個角色，我們就很難忽視團隊主管、上級和中階主管在打造和培育文化方面的重要性。

組織與團隊之間的橋樑

儘管針對中階主管有很多不友善的玩笑話，但他們的角色非常重要；他們將更大的公司組織和團隊連結起來，資訊會透過他們雙向流通。除其他職責外，他們還必須傳達能夠闡明並符合組織願景的新聞和訊息。

　　任何擔任主管或管理職的人，無論頭銜是什麼，他們都算是「夾在中間的管理人員」。在這種情況下，最困難的一點是他們實際上身處於至少兩個團隊中——自己帶領的團隊和他們的同僚團隊。這往往讓他們需要在對直屬團隊負責，和成為整間公司的代言人或擁護者之間取得平衡。

　　他們必須幫助員工理解並應用這些系統，無論是嘉獎計畫、績效管理流程，或是為了支撐大文化而制定的其他數十種系統。若組織聲稱的目標與日常工作的現實並不一致，就可能會讓人覺得不自在。

　　要是大文化和微文化之間的差異不大，就不會有什麼麻煩；但若存在著分歧，往往都是嚴重的問題，至少也會讓人一頭霧水。如果薪資或嘉獎鼓勵的是個人成就，但組織文化卻聲稱團隊合作才值得讚頌，那麼在現實世界中，哪邊才是對的？

帶新人加入團隊

　　現有的團隊已經有一種自己的文化。每個你帶進來的新人，都將對團隊動力產生變化——無論是不是正面的影響。團隊主管最重要的職責之一，就是幫助新人盡快適應他們的工作和團隊文化，並開始為團隊工作提升價值。

在他們直接負責招聘時，他們有責任引進適合的人才，但這並不意味著其中的每個團隊成員都必須完全符合團隊文化的要求。招募「完美契合」的人選可能會導致群體思維，無法讓團隊達成在思想和經驗上的多元化——然而，這種多元化卻可以幫助他們提高工作效率。儘管找到「完美契合」的人選可能不是他們的目標，但主管必須幫助員工適應企業文化，並指導和輔導新人，在這個過渡期中為他們提供協助。

這不只是在主管帶人入職、指定辦公桌或提供網路登入資訊時才是如此。主管還要設定基調，幫助員工了解團隊中的工作動態；他們不僅也得為工作設定期望，還要確定如何完成以及由誰完成。至於說到幫助新員工適應及理解「我們在這裡做事的方式」（包括檯面上的和檯面下的），現有的團隊成員則扮演著重要的角色。

加入團隊的每個人都會影響團隊文化。當我們有意識地引入並支持團隊行為時，我們就更有可能吸引適合團隊現有文化的員工，而他們也會在接下來的工作中發揮自己的作用。

為符合團隊文化的行為樹立榜樣

很少有什麼事能像團隊主管的日常行為一樣影響企業文

化。你可以說你想要一個有自己決策權的團隊,那為何每件事都必須經過你批准?你想要創新,想跳出框架來盡可能獲得最佳結果,同時卻又不斷教導大家要聽話、要合群。

你的團隊會以你為榜樣。如果你從來不請特休,或是無論何時都沒日沒夜地回覆和傳送電子郵件,你憑什麼認為他們會認真看待自己的工作與生活之間的平衡?你說的話遠不如你日復一日的行為來得重要。

這同樣適用於遠距團隊,只因為他們「看不到」你,並不表示他們沒有在看。

個人的角色

作為個人,你可能會覺得無能為力 ── 其實不然。這裡有一些你應該知道的實情:

- 你必須認清你職場的團隊文化。
- 你得為自己的行為負責,縱使你無法控制別人要做什麼。
- 你比你以為的更有影響力。

認清你職場的團隊文化

韋恩最喜歡的其中一句名言出自馬修·麥克魯漢(Marshall

McLuhan）：「我不知道最先發現水的是誰，但絕對不是魚。」這句話迂迴地說明的是，太多時候我們是如此地融入周遭環境，因此不會停下來看看自己在哪裡，或是周圍發生了什麼。

對於「事情在這裡是怎麼運作的」，如果我們不抱持著懷疑和注意，就會發現自己一直在機械性地重複著同樣的事。要是這些行為是正確的還無所謂；但若我們有意識地工作，而不只是心不在焉地進行的話，就能發現這些行為是否有問題。

若想要不斷進步（關於這個問題稍後會有更多討論），無論是個人還是團隊，都必須去評估和質疑你的團隊文化。一旦你了解現在是什麼情況，就很容易提出為什麼要這樣做，以及事情是否需要調整或改變的疑問。

認清你所處水域的性質，是第一件事。

你得為自己的行為負責

作為團隊成員，你就是團隊文化的一個組成分子。你如何工作、與他人溝通以及履行職責，都是你對團隊完成任務的貢獻。你的一舉一動都是團隊文化的一部分。

無論你工作的例行成分有多高，你都不只是機器中一個沒有任何控制權的齒輪而已。每當你傳送一封電子郵件、選擇忽略一次請託或自願參與一項專案時，你所做出的決定都會產生某種

影響。

當你了解並認清自己的工作文化時，你的選擇顯然會變得非常重要。舉個例子，假設比起成果的品質，你的工作場所文化更注重和諧與融洽——這可能是好事或壞事，取決於你們所做決策的品質，但這就是事情在那裡運作的方式。既然工作方式是由你來決定的，那麼你就有三個選擇：你可以聳聳肩、順著大家的意思去做，因為你知道這樣做的結果不會是最好的；你還可以用一種團隊會接受且不擾亂現狀的方式，提出一個改變的建議，但也知道這個建議可能不會被採用；或者，你可以因為挫折而把拳頭重重地捶在桌上，強迫推銷你的想法，然後因此激怒某些團隊成員。

你的回應是一個選擇——你可以選擇是被動、積極，還是更謹慎地溝通。藉由了解你所處的環境，你就可以對如何完成工作做出更好的選擇。

你比你以為的更有影響力

團隊文化在你到達之前就已經存在，也會在你離開後持續下去，但這並不意味著一切都無法改變——事實上，文化總是以細微的方式不斷變化。當你對事情如何運作有清楚的了解時，就可以決定如何使它變得更好。

你喜歡這裡事情運作的方式嗎？那就繼續以與其相符合的方式工作。

是不是有些事情感覺不太對，或你是否看到怎樣才能對每個人都更好？也許你發現團隊成員不願意互相幫忙、在與其他部門合作時缺乏急迫感，又或者同時段在辦公室的人正在形成小團體。你可以選擇隨波逐流，認定這些問題不值得爭論，或你不知道如何改變現狀。又或許你會覺得良心過意不去，所以用一種讓你對自己的工作感覺更好的方式來進行。

這些問題一旦在集中地點的工作場所出現，立刻就會令人有感。在許多情況下，你可以感覺到氣氛愈來愈緊張；看著人們的表情，馬上意識到「有人」應該做點什麼。然而，當我們遠距工作，或作為混合型團隊的一員工作時，這種反應和最初的緊張氣氛是看不見的，同事對正在發生的事情毫無察覺，因此需要更長的時間才能認清問題所在。這就是為什麼在這種情況下，人們可能不太願意立即採取行動（因為這會讓事情變得更糟，但其實沒有必要）。

若我們不在同一個地方，從採取行動到看到結果之間會存在著大量的「空白」。如果我們不刻意檢視我們在意識和知識方面的差距，就會為誤解和錯誤假設創造更多空間，讓團隊凝聚力受到傷害。

　　每個人——無論他是否有領導者的職銜和職位——都應該對自己在維護團隊文化方面的作用，及其將在文化的長期演變中所扮演的角色負責。

　　你所做的選擇必定會影響你的工作，也會影響其他人的工作。如果你更努力地幫助隊友，則可能會對自己的工作感到更滿意。或者，若你只是繼續按照以往的方式做事，你的感覺也許會很糟糕。但是，出於正確的原因而決定改變自己的行為，是會產生正面的漣漪效應的。

　　我們也曾經面臨相同的挑戰。例如，我們團隊的一些成員經常傳送電子郵件請求協助，卻不說明請求的時限。這樣的要求偶爾會讓人感到困惑和沮喪，因為有同事暫停自己的某項工作來幫忙，後來才發現根本不急。透過明確的預估時間（在主旨列或電子郵件的第一行寫明請求協助的時限），我們開始減少了無用的「消防演習」，也展現出對彼此時間的更多尊重。凱文也為工作效率的提升而感到滿意。

　　提出你所看到、而其他人可能沒有發現的問題。以團隊文化會支持的方式提出改革的建議，並以尊重自身價值觀和道德準則的方式行事。你會驚訝於這將對團隊造成的影響。

小結

　　無論你在什麼位置，都要體認到自己在團隊的微文化中扮演著重要角色。你的每次決策、談話和行動，都會在你不斷演變的團隊文化中發揮作用。將矛頭指向它（微文化）處於事無補──甚至還會削弱組織文化中的責任感和使命感。如果你以前沒有意識到這一點，我們希望你現在已經了解了。

Chapter 4.
重新思考我們如何工作

　　麥爾肯擁有一個在各方面幾乎都非常成功的長遠職業生涯。他掌握了職場的機制，學會如何主持有效的會議並推動結果。隨著人們被迫在家工作，因而開始要求遠端作業時（儘管對他來說反而感覺像是被強求），他變得很不自在。過去公認的常態，現在感覺卻像是波濤洶湧的大海。有一部分的他想要改變、適應並開始在海裡游泳，但另一部分的他——而且是很大的一部分——覺得自己完全無法適應。他想要運用自己一直以來都瞭若指掌也付諸實踐的模式和機制，來順利掌控他的成人生活，卻不知道這是否還有可能。

　　麥爾肯就像我們遇到和合作過的許多主管一樣。他們對未來的工作感到不適應，因為他們不習慣這樣的工作，也不曾在其中取得成功。重要的是我們必須了解他們的動機，而不是只把他們視為一個與時代脫節的、堅持要每個人都在辦公室的固執主管。

如果你看看他們的經驗和過去的成功，就會明白他們的感受和看法。如果麥爾肯曾是成功團隊的一員，並將組織（和他個人）的成功歸功於做事的方式，那麼他就會將改變視為潛在的威脅。回到「魚」的比喻，他了解的只有這個他已經在裡面游了一輩子的水域而已──而且他在裡面還很成功。所有這些都使他（還有全世界的麥爾肯們）傾向於傳統的、面對面的工作環境。許多主管自己都沒有遠端工作的經驗，因此他們試圖讓混合型工作的方式，盡可能地與傳統辦公室保持一致。

感到擔憂是合理的，但不採取行動則不然。

我們如何看待工作

即使我們不像麥爾肯那樣經驗豐富，但對於如何看待工作以及如何完成工作，我們與他人有很多共同之處；其中有些觀念已經根深蒂固，所以我們甚至不會去想它們為何如此，譬如朝九晚五、每週工作四十小時就是一個例子。對我們大多數人而言，工作就是被固定在這四十個小時裡。即使我們的工作需要輪班、或是週末可能也要上班的服務業，我們仍然接受──我們的語言也這麼告訴我們──週一到週五是「週間工作日」（work week）。

　　然而，這種模式並不是一直以來都存在的。在一九二〇年代，亨利·福特（Henry Ford）與他那代的人採用了生產線作業方式和隨之而來的標準——但在那之前，大多數不在農場或家族企業工作的人，工作時間是每週六天、每天十小時或更長時間。這是他們的現實，就像我們的現實是朝九晚五、每週工作四十小時一樣。事實上，儘管早在一八六〇年代就有許多關於八小時工作制的測試和討論，但直到經濟大蕭條時期，每週四十小時的工作制才成為美國的常態，因為當時政府認為每週四十小時的制度可以讓更多人分攤工作，減少失業。到一九四〇年，法律已將每週工作四十小時訂為規範。

　　知識工作中也存在一些既有的設想——它們生根於二戰後的辦公室工作潮，許多至今仍未改變。我們在會議室開會、分組腦力激盪，以及在茶水間、飲水機和走廊上交談——我們還會一起吃午餐。我們一起工作，距離很近。人們在特定的時間來到辦公室，而且在多數情況下，有一個統一的下班時間。我們看待工作的方式，有很大程度就是建立在這些傳統與基礎之上。

　　這種對工作的世界觀，在某個時期的確對我們有所助益，對一個靜態的世界來說也沒什麼不好——問題是今天的世界並不是一成不變的。

工作的演變

我們要說的並不是過去的模式是正確的，單純是我們不自覺地將其視為標準而已。雖然它不是一直存在，但它仍然定義了「工作」（而且不只是麥爾肯的工作）。事實上，在我們的工作生活中，一直存在著一些實驗和偏差值。有些人一週工作四天、每天十小時（包括凱文的妻子洛蕊）——把四十小時的工作壓縮在一週的四天內。凱文離開雪佛龍（Chevron）公司的時候是一九九三年，當時那裡已經實行九八〇制（nine-eighty schedule，在九天內工作八十個小時，而不是十天）好幾年了。雖然這兩種模式都存在，但都沒有成為規範，更重要的是，它們都還是以每週五天、每週四十小時的標準模型為基礎。歐盟的一些國家正在嘗試每週四天的工作制——即每週工作三十二小時，但薪資不變；很多人就只是試著在調整這個公式而已。

我們的重點是什麼？

簡而言之，我們的世界和工作環境都已經改變了。遠端工作模式的趨勢更加靈活，它已經存在多年，而疫情及其結果使它的發展更加急速。當許多職場人都有豐富的遠端工作經驗（而且

每個人也都認識或與那些有此類經驗的人同住、自己也想試試看）時，未來更會加速前進。

整體來說——我們花了八十年的時間來討論將每日工時減少到八小時，接著又花了八十年的時間生活在這種現實中。現在我們要檢視的不只是我們的工時長短而已，還有我們何時在哪裡工作、和誰一起工作，以及工作如何完成。

從歷史上看來，每件事都在轉瞬之間發生了變化。當我們今天回顧過去，可能會認為事情的轉變一切順利。但相信我們，實際情況並非如此；我們現在正要經歷下一個崎嶇難行的過渡時期。

也難怪人們會感到擔憂焦慮，渴望回到「過去的美好時光」，因為當時他們知道工作是什麼樣子。

讓每個人有一致的（新）共識

本書傳遞的一個重要訊息是，我們所有人——各階層領導者和不同職位的團隊成員——都在同一條船上。為了確定我們最適合的團隊結構、工作安排、團隊文化和工作觀，我們必須團結起來，共同做出決定。本書的構思就是為了幫助大家達成共識，而這一章的目的在於讓你了解為什麼這麼做很重要，以及為什麼

它看起來會如此困難。

讓我們來看看現今後工業時代的工作世界中，會被設定或假設的所有變數：

- **我們的工作地點**。這是大多數人首先想到的問題，而且的確，這也是某些人所感覺到在工作模式中最大的變化。這裡有很多選項：我們是否會偶爾或一直在一起？是否有些人「永遠」不進辦公室？地理位置是否重要？
- **我們的工作時間**。工作時間涉及到一週中的哪幾天、一天中的哪個時間和一週中的總工作時數。我們想要什麼，以及怎樣才能讓我們的工作產出和目標得以實現？
- **我們將如何工作**。這是本書的重要內容之一。我們需要確定工作流程和團隊文化 —— 從如何設計團隊，到工作流程、團隊文化等等。在這裡，我們要做的決策比以往任何時候都多 —— 儘管它們和我們討論過的其他決策一樣顯而易見。
- **我們將與誰合作**。誰會加入團隊，我們如何定義團隊？我們在各種多元性方面的目標和希望是什麼？我們將如何看待兼職人員、約聘人員和臨時工作人員等？員工來自哪裡，他們的背景和觀點是什麼？

不能遺漏的重點

在《帶領遠端團隊》一書中，我們介紹了領導力的「三個O模型」。我們之所以分享這個模型，是為了提供一個思考領導角色本質的框架。

請看圖一「成果」和「他人」兩個圓之間的空間。在展望未來時，我們面臨的許多討論和決策、混亂和挑戰，都是為了在實現我們所需的組織目標和目的（「成果」），以及滿足團隊的需求和期望（「他人」）之間取得平衡。「成果」和「他人」的需求，都必須持續加以平衡及考慮。倘若我們只思考團隊成員的需要和願望，卻缺乏組織成果的脈絡和意義（或反過來，我們只專注於組織的需要，而忽略團隊的需求），則我們就會做出不完整的決策，造成意想不到的後果。

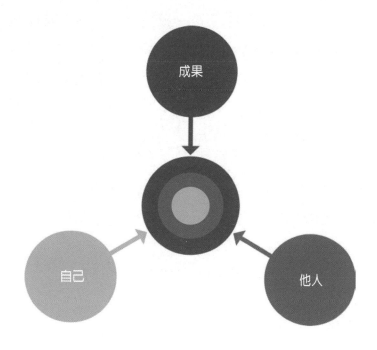

圖一：三個O模型。（凱文・艾肯貝瑞集團版權所有。）

混合型團隊為我們上的一課

早在二〇一七年，我們就已經開始討論**混合型團隊**了。這個詞語已經永久成爲了我們所使用詞彙的一部分，儘管我們希望能爲此邀功，但我們仍認爲這是一種思考未來工作選擇的有益方式。讓我們更仔細地看看「**混合**」這個詞。

凱文長期擔任Ag Alumni Seed種子公司的董事，該公司是全球最大的爆米花混種玉米種子供應商之一。以下是混種玉米的製作過程。

爲了產生一株新的混種植物，育種人員會爲兩個不同的品種精心進行雜交授粉；他們知道新的植物將與母株不同，也會在每個季節都培育出數百株的新混種植物——皆與原植物不同。但這只是故事的一小部分。

儘管他們知道新的混種植物將與原植物**不同**，但他們的目標是將它變得**更好**。爲了確定要培育的新特徵，他們會根據育種標準對每株植物進行研究、測量和評估。在數百種新植物中，只有少數被認爲有所改善，然後再次進行測試，最終它們將被擴展成新混種產品系列的一部分。

重要的是，做了這麼多工作，並不只是爲了生產一個混種品種而已；截至本書撰寫之時，該公司已經在全球銷售二十四種

混種玉米種子了。為什麼？因為公司會為了應對不同的用途、土壤類型和生長條件等等，銷售不同類型的爆米花玉米品種。

　　這個例子中的一些經驗，可以直接應用在未來的工作模式上。

- **只有不同是不夠的**。無論你嘗試什麼樣的混合方式（不管是工作地點、工作時間等），都會與你過去所做的不同。然而，我們的目標不只是創造出差異性而已，而是打造出更好的。這意味著在找到更適合團隊和組織的相異點之前，你可能需要進行實驗，嘗試不一樣的方式。

- **要知道成功是什麼**。除非你知道自己要解決什麼問題，否則你無法確定怎樣才算更好。這就是為什麼上一節中的問題如此重要 —— 也是為什麼你必須保持「成果」與「他人」之間的適當平衡。

- **正確答案不只一個**。本書將引導你找到最適合你的目標和環境的「混合」型方法。將一個通用的模式或計畫套用到你的情況可能是一個開始的方式，但它最終不會為你帶來最好的結果。

讓新模式更好

在後工業、後疫情時代的工作世界將會有所不同。我們所面臨的挑戰不在於變得不同，而在於打造更符合我們情況的一切。只有從過去汲取教訓、凝聚團隊的心智力量並將本書理念付諸實踐時，你才能實現你所認為的「更好」。在你這麼做的同時，就能為自己創造出工作的意義，同時也將寫下一小段歷史。

小結

當你拿起這本書時，你就已經知道工作正在改變。希望本章能為你提供更豐富的背景脈絡，幫助你以全新且重要的方式和其他視角來思考這件事──這些是你在閱讀和應用本書其餘部分的觀點時會需要的。

Chapter 5.

針對團隊及文化設計的三C模型

　　幾個月來，胡里歐一直在思考我們在本書中提出的許多問題。他不停地自問：「在構思如何在這個新的工作環境中設計團隊時，我需要考慮哪些因素？」以及「我怎麼知道我們是否成功了？」在他想著要打造一種理想的團隊文化時，他不知道應該納入哪些內容。他之所以在這些關鍵問題上猶豫不決，部分原因就在於這些重要問題本身。他知道自己需要採取行動，但不知道從哪裡開始。

　　我們為像胡里歐這樣的人寫了本書。我們知道團隊設計和文化議題向來都很重要，然而，現今的每個人都身陷於工作場所快速改變的時代。我們正在研究新的工作方式和方法，而成功團隊和優秀文化的關鍵因素，則需要被簡單明瞭地闡明。

　　在《帶領遠端團隊》中，我們介紹了領導力的三個O模型；在《遠距隊友》一書中，我們則提出了遠端工作成功的三個P模型。在發展這些模型時——更重要的是，在我們不斷改善並將這

些模型應用在客戶身上的過程，我們在其運用的簡單性和豐富性之中，找到了力量。

自從新冠疫情在二○二○年三月開始侵襲美國和歐洲的大多數公司以來，**混合型團隊**的採用率就愈來愈高。儘管這個詞彙經常被廣泛使用，但它通常被用來泛指任何既非完全遠端、也非完全同地辦公的團隊。

我們對這種工作方式愈是了解，就愈會意識到，如果我們的團隊要成為真正的混合型團隊，那麼它們必須與我們只是在嘗試重建辦公環境時，所設計的團隊大不相同。我們已經知道，沿用舊有模式會導致會議過多、電子郵件超載，也讓員工的工作時間缺乏彈性。如果你要設計一個混合型團隊，請將其視為設計一項獨特的事物，並抓住機會真正改變你和團隊的工作方式。

我們的目標是打造出一個同樣有幫助且實用的模型，來協助你設計或重新設計團隊，以符合遠距工作的需求。我們相信三C模型的力量在於簡單，就像其他模型一樣；它將幫助你設計團隊及其文化。開始之前，讓我們先介紹一下它是什麼。

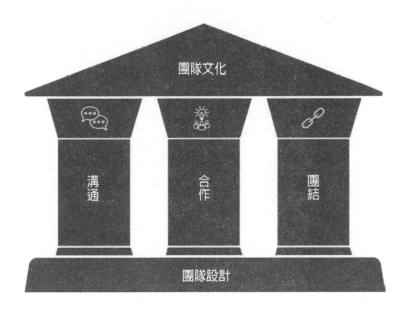

圖二：三C模型。（凱文・艾肯貝瑞集團版權所有。）

設計團隊及其文化的三C模型

三C模型由三個因素組成，其力量來自於這些因素之間的整合，並認知到它們之間是互相依存的。這三個C分別是：

- 溝通（Communication）
- 合作（Collaboration）
- 團結（Cohesion）

這些組成要件不只都是以同個字母開頭而已（這讓它們記起來更容易），也是很常見的詞彙。要理解這個模型的威力（見上頁圖二），我們需要在設計團隊及其文化的脈絡下，定義和描述這些術語。

溝通

溝通是人類生活的基礎——我們一生都在進行溝通；它也是工作的基礎。儘管我們都會溝通，但其技巧、準確度和是否有效卻各不相同。在訊息已送出、依照預期被接收並達成相互理解之後，溝通才算成功。簡而言之，溝通就是**訊息的發送、接收與理解**。

每個人的工作都需要溝通，如果溝通能夠更有效且迅速地

達成目的，所有工作都會更順利。在一個互相連結和互相依賴的世界中，即使是獨立的手藝人也需要和客戶及供應商進行溝通。

因此，溝通是所有工作的關鍵和基礎，無論我們已經做了多久、做得有多好，都還能有改進的空間。當每個人都身在相同建築物中或同一地點時，我們可以進行直接、即時、豐富的面對面交談。隨著優質溝通的障礙和挑戰與日俱增，我們對提高溝通效率的需求也增加了。

我們最喜歡的一個關於溝通有多難的例子，來自於一項對手術室溝通的研究[2]，內容是經過訓練的觀察員所觀看的四十八個手術過程中，共九十個小時的團隊溝通。而根據以下原則，在所有被觀察到的溝通中，有將近三分之一被歸類爲「溝通失敗」：

- **時機**：該溝通是否在最適合或最需要的時間點傳達完成？
- **內容**：訊息是否完整且準確？
- **受衆**：是否由正確的對象聽到且接收到了訊息？
- **目的**：問題是否得到妥善的解決？

2　*作者注*：L. Lingard, S. Espin, S. Whyte, G. Regehr, G. R. Baker, R. Reznick, J. Bohnen, B Orser, D. Doran, and E. Grober, "Communication Failures in the Operating Room: An Observational Classification of Recurrent Types and Effects," Quality and Safety in Health Care 13, no. 5 (October 2004): 330–34, https://doi.org/10.1136/qhc.13.5.330。

此外，研究發現，有36.4%的失敗導致了效率低下、團隊緊張、資源浪費、延誤、爲患者帶來不便及造成流程上的錯誤。

這帶給我們兩個結論：倘若連在進行重要工作時，與身邊人們的即時溝通都有可能失敗或只是差強人意的話，那我們就會知道如果再加上距離和其他障礙，情況將變得更具挑戰性。其次，看看溝通失誤的結果──你不必在手術室工作，也能意識到這些失誤可能帶來災難性的後果。

在組織活動的每一個環節，以及下列所有的群體與個人之間，溝通都必須是有效的：

- 團隊內部
- 團隊中的個人之間
- 跨團隊
- 同事之間
- 與主管之間
- 與客戶和供應商之間（內部及外部）

當溝通不順暢、不即時、不完整或完全缺乏溝通時，結果會造成：

- 誤解

- 衝突

- 缺乏一致性

- 領導不力

- 錯失良機

- 關係疏遠

- 信任度降低

- 承諾和參與度降低

- 責任感降低

- 完成工作的速度變慢

- 改革緩慢或無效

- 合作減少

- 挫折感增加

- 人員流動率變高

- （請根據你個人的經驗新增）

　　從這個角度來看我們就不難理解，為何即使是在最優秀、最成功的企業中，也經常聽到以下說法：「我們需要改善溝通。」溝通一直都很困難，但在一個日益複雜且遠距進行的新工作世界中，它比以往任何時候都更加重要。

合作

《韋氏字典》對合作（collaborate）一詞的定義是

與他人共同或一起工作，尤其是在智力活動方面。

當每個人都在相同建築物中一起工作時，**共同**和**一起**所意味的似乎更為明白。例如吉娜需要和喬治合作的時候，只要走到他的辦公室或隔間借幾分鐘就可以了；這樣的合作通常會立即發生。如果胡安想針對某個問題徵求一些意見，他可能會召集三四個人（或在會議室快速開個會），來創造合作的時刻。但若你想合作的人在該城裡、國內的其他地方甚至是世界各地，似乎就沒那麼容易了。

長久以來，人們一直是透過下列事物，來看待合作這件事的：

- 即時互動
- 會議室
- 白板或掛圖
- PowerPoint投影片或其他分享資料的方式

雖然上述各點皆可以在虛擬環境中複製，但大多數人都發現，虛擬合作比面對面合作要來得更難。面對面的合作毫無疑問有其優勢（我們歷史悠久的虛擬團隊一直期待著偶爾才舉行的實

體會議）。然而，遠距會議也可能具有正面、且往往是出乎意料的優點。

「我們必須見面才能合作」的思維模式，至少有三個缺點：

- **合作不只是單單一次的活動而已**。合作可以在沒有會議的情況下、也可以在會議之外存在。面對面會議也許可以帶來能量，但關於人們針對會議有多沒效率的抱怨，我們也聽了好幾十年。如果你所認爲的合作只在正式（甚至非正式）的會議中進行，那麼你對這個主題的思考，其實能夠或應該更加廣泛。

- **合作不僅僅是同步的活動**。回到定義：我們知道，「共同」工作不一定意味著同時進行。儘管電子郵件存在著種種挑戰和不足，但它還是爲我們提供了許多正面的合作範例。還有許多其他較新的合作工具──包括用來取代歷史悠久的白板和強化其功能的工具──它們可以創造出了不起的合作結果。你是否常在會議結束後才想到一個後續問題或附加想法，但卻因爲來不及提出而覺得扼腕？在Microsoft Teams或Slack中持續進行的討論區或對話串，可以提高你們在決策方面的品質，或促進產生有創意的問題解決方案。

- **面對面的合作不總是辦得到**。如果團隊的一部分人位於美國緬因州的邦哥，其他人卻在印度邦加羅爾，那麼你們很可能永遠都不會出現在同一間會議室（甚至在同個時區）。你必須學會在這種情況下盡力而為。

合作成功與否取決於許多因素。你在設計團隊及其文化時，下列這些都需要加以考量。

- 會議／小組會議和聚會
- 一對一的合作
- 腦力激盪
- 解決問題
- 事先規劃
- 建立共同的願景及目標

如果將這份清單與**合作**一詞分開來看，你會發現當我們制定計畫、流程和協議來支持成功時，所有這些事情都可以有效地遠距完成。需要注意的是，並不是說我們不應該或不能夠聚在一起；而是倘若我們以一種呆板和保守的方式來思考合作的話，當我們在團隊設計中加入遠距和非同步的元素時，就可能會錯失完美合作的良機。

團結

三C模型的第三部分是團結（cohesion）。以下是來自《韋氏字典》的第一個定義：

緊密凝聚在一起的行為或狀態。

如果我們從未（或很少）在一起工作，那麼緊密凝聚在一起是否自相矛盾？也許從字面上看來是如此，但讓我們接著看下去。

第二個定義將這個詞與生物學和生命科學連結起來：

植物相似部分或器官之間的結合。

我們喜歡這個詞在生物學上的連結和內涵，這也是我們選擇它的原因。工作和工作關係不單純是機械性的，也不僅僅由組織結構圖、時間和空間來定義。團結所意味的遠不只是這些事物而已，其面向還包括明顯非結構性的事物，如下所示：

- 關係
- 連結
- 相關性
- 信任
- 信仰
- 目的
- 意義

- 投入參與
- 包容
- 責任感

這些面向中的每一項都對團隊成功非常重要。

這裡也是如此，我們的經驗可能會影響我們的判斷 —— 我們可能會想，上述內容在面對面時，可能更容易建立或維持。雖然這一點可以成立，但看看這些項目中的任何一項，你也可以為遠距進行這些項目，找到支持的論據。

請提出下列問題：

- 我們能否在彈性的工作環境中建立關係？
- 人們在遠距或混合型的工作環境中，是否還能高度參與？
- 人們能否在很少見面的情況下，還得以維持責任感？

答案是可以、可以，還是可以。

傳統上，此清單的大多數項目通常被視為技能（因此屬於培訓或輔導的議題）或希望（「我們希望能做到這些」或「我們在最優秀的員工身上看到了這些」），而不是作為我們團隊的期望和設計元素。但我們鼓勵你這麼做，也會在本書的其他部分告訴你，如何將這些事項納入你的團隊及其文化的設計中，而不是讓它們繼續維持在希望與願望的層次而已。

如何使用三C模型

你可以將此架構用於設計團隊和打造團隊文化，我們將幫助你同時進行。在上述兩個目的中，你可以使用三C模型來做三件事：

- **評估**：獨立或整體檢視每個面向，以確定團隊目前在該層面的表現如何（下一節將進一步討論）。
- **設計**：利用這些面向來幫助我們建立一個完整且清晰的團隊設計，如此一來，團隊就能朝著每個面向實現目標；我們也可以運用各個面向來釐清我們的團隊文化願景。
- **發展**：設計或決定我們想要什麼是一回事，但實現目標卻是另一回事。三C模型可以為我們指明實現團隊和文化目標所需的發展方向。

進一步界定這些面向的問題

儘管我們正在討論為新的工作環境設計團隊及有意識地打造團隊文化，但我們知道，大多數人並不是從零開始的。如果你在讀這本書的時候，已經存在著現有的團隊，那你很可能會想：我們現在的狀況如何？

　　無論現在或以後——其實是隨時，你都可以使用三C模型作為評估工具，來衡量自己目前的狀態。

　　你可以將以下問題作為個人的心理練習、將它們運用在與團隊的對話中，或以調查的形式使用這些問題——這是更有價值、更可靠的利用方式。即使你決定先進行個人評估，我們也鼓勵你在團隊中使用這些問題。

關於溝通的問題

- 我們對團隊溝通的挫折程度是多少？
- 溝通上的失誤有多常導致衝突或重工？
- 從訊息接收者的角度來看，團隊目標的傳達有多清楚？
- 我們在整個團隊及組織間的溝通效率如何？
- 團隊以非正式和正式方式進行溝通的頻率為何？
- 團隊成員的同步及非同步溝通進行得有多順利？
- 我們有多常預設使用最自在、而不是最有效的溝通工具和做法？
- 各方在分擔溝通的責任方面做得如何（在發送者和接收者之間）？
- 若要改善團隊溝通，我們現在可以做些什麼？
- 在1分到10分之間，所有團隊成員如何評價團隊的溝通成

功程度？

關於合作的問題

- 我們的會議在實現預期結果和滿足工作需求方面的效果如何？

- 我們的會議是在維繫、改善信任與關係，還是在對其造成傷害？

- 我們在使用非同步的合作工具時有多順手？

- 我們進行非正式合作的頻率為何、是否順利？

- 我們的跨團隊合作是什麼樣子的？

- 階層結構或從屬關係妨礙我們合作的程度有多高？

- 在我們的規劃過程中，有多少是經由合作進行的？

- 人們是否感受到自己被傾聽，並覺得他們的想法獲得考慮？

- 在預算內準時完成專案的頻率為何？

- 在 1 分到 10 分之間，所有團隊成員如何評價我們團隊的合作？

關於團結的問題

- 我們的團隊提供了多少心理安全感？每個人是否都以相同

的方式評價這一點？

- 我們團隊的整體信任等級為何？

- 我們團隊的工作關係有多穩固？

- 人們和其主管或經理的關係如何、是否願意給予支持？

- 我們與工作使命和目的的一致性如何？

- 我們會如何評價團隊的整體參與度？

- 團隊成員對團隊的成果抱持並展現出多少責任感？

- 整個團隊的期望有多明確？

- 在1分到10分之間，所有成員如何評價我們團隊的團結力？

如果你選擇以團隊的形式來回答這些問題，你可能需要從團隊外部找一位主持人，以讓所有團隊成員都能有效地提出想法。根據我們的經驗，即便團隊認為他們還有很長的路要走——他們需要透過對話本身來改善溝通、加強合作和建立信任，這些對話也會帶來很多好處。

小結

三C模型既全面又簡單，它就是設計來讓主管、團隊和個人使用的——目標是協助你在一個可能會有人員的部分或全部時間都在遠距離工作的世界中，打造並讓你的團隊升級。

此模型圖（圖二，見第79頁）暗示了一個重要觀點——只有一根支柱的狀態良好是不夠的。要想擁有結實的地基和堅固的屋頂，我們需要在所有三個層面都有強大的實力。當然，即使是面對面，要做到這一點已經不容易了；在遠距的情況下雖然可能更難，但還是辦得到。這個模型可以幫助我們從可能走向成功。本書的其他部分將幫助你在致力於所有團隊設計、重新設計，以及打造團隊的大文化及微文化時，運用這個模型。

Part 3.

為成功而設計

新的工作環境要求我們重新審視如何設計團隊。在接下來的兩章中，我們將為你提供一個合作設計團隊的流程：無論你是從零開始，還是重新設計現有團隊以適應這些新現實，兩者皆適用。

Chapter 6.
設計你的團隊

　　拉傑許認為，團隊的設計可以與眾不同。他認為不需要遵循千篇一律的方法，甚至不需按照現有結構操作——尤其是在遠距工作的世界中。他並不是人力資源或組織發展的專業人士；他是部門經理，希望團隊能更有效率——尤其是在混合型團隊的情況下。他認為自己應該擁有一套能夠幫助他思考相關問題的流程，並讓其團隊一起參與，這樣他們就能共同設計出一個團隊，使每個人都致力於達成更好的結果。

　　有一種方法可以實現拉傑許想要達到的目標，我們將在本章中介紹其流程。以下是簡要的步驟：

　　1. 從整體開始思考——打造你的夢幻設計

　　2. 實際應用設計時的考量

　　3. 根據你的情況決定最終的團隊設計

　　我們在討論的是團隊的結構。我們的團隊需要做什麼工

作？需要哪些角色和任務？完成這些任務的最佳順序是什麼？我們如何提高效率和效益？在這裡，我們著重的是團隊的結構。完成工作的**方式**是團隊文化的問題；這個問題同樣重要，但我們將在後續章節中單獨討論。

你可能會想知道，對於新團隊和現有團隊，這個流程是否有所不同？雖然你應該將一些相異處納入考慮（我們會協助你處理這些問題），但整體**流程**是一樣的。你提出的問題以及你確定設計中最主要部分的方式，將是成功流程的關鍵，也是進行對話以打造出人人都能接受的成果的重點所在。這種深思熟慮的方法也將是打造團隊文化的第一步，使團隊成員未來在這種文化中茁壯成長。

承諾與遵循

任何團隊設計要成功，參與其中的人皆必須**致力於團隊的**長期目標和日常工作。有些人將這種承諾稱為「**認同**」。認同固然好，但承諾是一種更強烈的狀態。承諾是由內部驅動的。一旦我們選擇了對某件事投入情感，就會投入更多心思、努力和熱情。我們會預見挑戰，並找到有創意的解方來應對。當工作是否成功攸關我們的心理和情感狀態時，我們就會更加努力。

另一選項是遵守規則。**遵循**是指某人遵守規則、達成期望（通常是勉強達標），目的在於實現外部實體（通常是你的老闆或組織）所設定的標準。當我們遵守規則時，往往只是付出足夠的努力來實現目標而已，有時則是不情不願地做完。我們都看過「勉爲其難地遵守」的情況，也就是嚴格說來人們的確達成了期望，卻未曾付出絲毫努力或積極。「嘿，你說的是週五前要完成，但你沒說品質一定要多好。」

你自己也曾經歷過這兩種狀態。小時候，如果媽媽說你沒打掃完房間就不能出門的話，你會抱怨連連，也許還會和她發生一些衝突。她可能不得不檢查好幾次，直到房間符合她的標準爲止。（爲什麼她總要看床底下？）在你終於通過她的標準之後，才獲准自由出去。但另一方面，假使有朋友來訪，或如果是你自己決定要打掃房間的，你幾乎總是能更愉快地完成任務，而且做得更好（即使是床底下也一樣）。

是什麼造成了這種差異？人類的內在動力比外在動力更強——在設計團隊時，這是一個需要牢記的重要因素。這個新實體是否是別人強加在他們身上的，因而他們必須遵守規則？還是他們從一開始就參與其中，對此感到興奮，並致力於成功？顯然，投入承諾的團隊會更出色。要對設計投入承諾，人們必須感覺到他們爲設計做出了貢獻，而且他們的想法和擔憂也得到了傾

聽和考慮。

身為領導者，你會很容易認為把計畫帶給團隊是你的工作。你投入在思考的時間可能已經比別人長，而且直接把起了頭的事物交給他們感覺也比較有效率。但要注意，這種做法很容易適得其反。請記住，溝通、合作和團結是無法強制要求的。此外，在設計上的共同努力，也可以透過面對面的對話，來即時鞏固模型的三大支柱。

想像一下，你的主管向你和隊友提出了一個新的團隊設計。也許你根本不知道會有這樣的討論；也許你認同新的設計可能有所幫助，但你還沒有時間考慮。現在，主管把「初稿」交給你後，徵詢你的意見並要求你投入承諾。

在最好的情況下，初稿會把討論的框架縮小到你主管的觀點——這可能已經有所侷限了。最糟糕的情況是這會讓團隊覺得老闆已經決定了，任何重要的交流都是徒勞。如果身為主管的你**已經**做出了決定，就不要再詢問團隊的意見，也不要指望團隊會有僅只虛應以外的回應。

設計的最終成功取決於團隊對該設計投入的承諾，其重要程度跟設計本身是相同的。重點是，你完成這項工作的方式會建立團隊文化的先例。如果你給的是一份「初稿」，那麼你就是在告訴大家，他們只要同意管理階層所分享的內容就好。我們希望

這不是你的本意。換句話說，如何打造和爲團隊設計進行最後確認，幾乎與設計本身同等重要。

那麼你要如何避開陷阱，提高獲得投入承諾的機會呢？

共同打造你理想的團隊設計

我們建議你在開始這項工作時，讓團隊在一張白紙上，以樂觀的心態進行討論。是的，也許會有一些現實情況和限制因素需要考慮，但如果一開始就把這些強加給他們，團隊可能會太快「結案」，或者沒有意識到比最初以爲的更多可能性。

你要做的是打造一個團隊的願景，這個團隊的設計可以處理你必須考慮的所有問題：

- 工作的目的
- 工作的性質
- 所需的角色
- 工作完成的地點與時間
- 工具與流程
- 所需的技能與知識

再加上將三個C納入考量：

- 溝通

- 合作
- 團結

　　每個團隊成員都應該考慮所有這些因素，然後自問：對於我們的團隊來說，理想的設計是什麼？

設計的問題

　　你的目標是讓每個人都自己思考這些問題，然後將團隊聚在一起，使成果超過部分的總和。你應該考慮幾個問題，來描繪你理想設計的全貌。要求每個團隊成員思考這些問題，並記錄他們的筆記和想法。請提醒大家在思考問題時不要受限或假設，也不要過度受現狀的影響。

　　我們很想舉例說明，但每個組織和團隊的需求都天差地遠，我們不想在此過程的早期就影響到你。以回應時間為目標的電話客服中心，與職責在於交出無錯軟體的程式設計部門，在團隊設計上的解決方案是截然不同的。正如我們之前提到的，這之中會有權衡。以下問題將幫助你確定對你的團隊和需求來說，什麼才是重要且獨特的，並把它們依重要性排列。

工作的目的。思考比任務本身更重要的事。

▶ 我們爲什麼要做這項工作？我們是爲誰做的？

▶ 他們的期望和需求是什麼？

▶ 上述答案如何影響團隊設計？

工作的性質。思考什麼才是被需要和被期望的工作，而不只是目前的工作而已。你要考慮的是你想要什麼和需要什麼，不是把同樣的內容打散再重新排序。

▶ 這個團隊的工作是什麼？

▶ 要把什麼東西交給誰？

▶ 客戶是誰？

▶ 我們必須如何且在何時與他們進行溝通？

▶ 此工作是以專案爲基礎，還是以流程爲基礎？

▶ 最終工作成果如何受到溝通的影響？

▶ 這項工作是否需要來自多個來源的作業成果？

▶ 上述答案如何影響團隊設計？

所需的角色。儘管這對現有團隊來說可能很困難，但請先不要考慮人員或名字。只要思考角色就好。

▶ 需要的角色有哪些？

▶ 完成所需工作需要哪些技能？

▶ 需要多少人？

▶ 上述答案如何影響團隊設計？

工作完成的地點與時間。先考慮工作的需求 —— 之後再考慮個人願望和現實世界的限制。

▶ 哪些任務可以獨立完成？

▶ 此工作在地點和時間上的彈性有多大？

▶ 哪些任務需要合作？

▶ 這種合作是否需要當面進行？

▶ 此工作是否需要頻繁且快速地解決問題？

▶ 上述答案如何影響團隊設計？

工具與流程。在這裡，你可以了解檢視的工具和流程，以幫助你找出差距和重疊的部分。

▶ 完成你已確定的任務需要什麼？

▶ 哪些系統和工具會有幫助？

▶ 有什麼阻礙？

▶ 還需要什麼？

▶ 上述答案如何影響團隊設計？

所需的技能與知識。考慮團隊成員的選擇、入職、培訓和發展，包括新員工。

▶ 團隊成員需要擁有或在團隊中培養哪些經驗？

▶ 需要多少業界或專業經驗？

▶ 需要哪些觀點或思維？

▶ 為了有效益且有效率地完成工作，成員需要能夠學會什麼和做什麼？

▶ 團隊需要哪些技術或特定角色的技能？

▶ 輔導需要發揮什麼作用？

這些答案如何影響團隊設計？除了關於工作本身及其脈絡的問題之外，也請一併將與三C模型相關的問題納入考量。

理想團隊設計中的溝通。

▶ 哪些流程和工具可以減少衝突和誤解？

▶ 哪些類型的訊息需要以何種方式分享？

▶ 同步溝通對完成工作有多重要？

▶ 對於跨團隊和跨部門的溝通，有多大程度的必要或期待？

理想團隊設計中的合作。

▸ 需要或希望工作互相依賴的程度有多高？

▸ 在完成工作成果方面，會議的作用是什麼？

▸ 對於完成這項工作，腦力激盪和解決問題扮演著什麼角色？

▸ 如何做出決策？

理想團隊設計中的團結。

▸ 團隊成員之間的關係對我們的成功而言有多重要？

▸ 信任對團隊工作來說有多重要？該如何設計？

▸ 需要多大程度的參與？該如何設計？

▸ 多元的想法、意見、經驗、觀點和背景，對成功完成這項工作有多重要？

我們知道問題很多。有些問題會引發非常詳細的思考；有些問題也許不適用於你的團隊，又或者答案可能很簡單。可能不是每個團隊成員都會為每個問題寫上一段話，甚至條列出三個重點。根據每位成員的工作不同，有些問題對他們來說，會比其他問題更重要或更貼近個人。但是，每個人都需要思考這些問題的面向和範疇，這樣他們就可以開始打造自己對設計理想團隊的個人想像。

請前往 LongDistanceTeamBook.com/Questions，下載這些問題的PDF檔案及簡介與說明，以便與你的團隊分享。

初期設計看起來會是怎樣？

這裡並沒有放諸四海皆準的固定答案。我們的目標，是讓每個人都對其心目中的理想團隊設計有明確的想法，並且能夠與他人分享。在這個收集資訊和天馬行空的階段，你也許會想在回答某些或所有這些問題時涵蓋一些重點，包括例子、圖片、圖表，甚至可能是一個組織結構圖（儘管我們在此談論的內容遠不只如此）。

如何讓此流程進展順利

如果我們能夠直接去問團隊成員理想的團隊設計是什麼，而且每個人的答案都一模一樣，那該有多好。但你要知道這不太可能發生，而且不同意見和觀點的豐富性，將爲你帶來更好的結果，即使這可能會引發暫時的衝突或分歧。

在領導者讓團隊參與其中時，他們必須在不成爲「老闆」的情況下引導。事實上，你可能會希望團隊以外的某人來促成這

次對話。一位經驗豐富的外部人員可以協助團隊坦誠地分享並保持任務導向，也讓成員有機會充分坦承意見，而不受評判。

你們一起設計團隊時的交流，必須包含下列四個要素。

- **對過程與結果的明確期望**。每個人都需要知道這項工作的預期結果是什麼。

- **心理安全**。心理安全的定義是「能夠展現和自我發揮，而無需擔心對個人形象、地位或職業生涯的負面影響」[3]。人們需要知道分享自己的想法是安全的，也必須對他人的想法抱持著開放態度。這並不是說你應該擔心人們真的會互相攻擊（除非你的團隊需要全面的干預），但彼此近距離的接觸，往往可能充滿負面能量。當提出想法的人就坐在自己身邊時，人們還會自在地批評對方嗎？如果老闆從桌子對面臭著一張臉看他們，他們還提得出那個有爭議的問題嗎？假使他們必須回到自己的隔間坐在主管旁邊，他們能指出主管想法中的明顯缺陷嗎？人們是否願意與很少見面或從未謀面的人，分享自己的想法？

- **公平的發言時間**。幫助人們相信他們的意見將被傾聽，並

3　作者注：William A. Kahn, "Psychological Conditions of Personal Engagement and Disengagement at Work," Academy of Management Journal 33, no. 4 (December 1990): 692–724. https://www.jstor.org/stable/256287。

且受到公平的評價。如果對話是以混合會議的形式進行的，則應特別注意遠距與會者的意見和想法。

- **一個好的答案，不一定是你的個人選擇**。請提醒大家，很可能沒有人會對最終結果的每個部分都感到滿意，但大多數人會在團隊設計中看到自己留下的痕跡，足以讓他們投入承諾，而不僅僅是遵循結果而已。

更多與心理安全相關的內容

如果你想盡力成為一個公平且能夠給予員工支持的領導者，那麼若你認為自己的員工沒有安全感，這可能會讓你感到有點不舒服。畢竟你沒有報復心，也歡迎新鮮的甚至是衝突的想法。你是個好人，對吧？

這其實並不重要。

每個團隊都存在著內在的權力差異。

這樣想好了。如果你的主管告訴你：「我們需要談談。」你的第一個反應會是什麼？即使你們關係很好，你可能還是會花一些時間疑惑自己做錯了什麼，或者為壞消息做好準備。

在團隊中，主管的反應並不是人們擔心自己心理安全的唯一原因。如果他們質疑團隊成員的建議，會不會讓氣氛變得緊

張？對方是否會尋求報復？如果你的團隊因同事之間的友好相處而引以為傲的話，那麼團隊成員能否直言不諱並提出令人尷尬的問題？如果他們真的說出來了，會有人聽嗎？

心理安全的基礎是信任。人們是否相信組織真正是需要並且重視他們的觀點？是否相信自己可以向主管提供意見，而不會反過來對自己不利？他們是否相信他們的隊友能夠將其建議看作是對事不對人，而不是視為人身攻擊？

正如我們在《帶領遠端團隊》和《遠距隊友》中所提到的，組成團隊信任的有三個部分：

- **共同目標**：對於工作的內容和我們在這裡的原因，每個人是否都有一致的看法？
- **能力**：用說的誰都會，但每個人都能證明自己有能力以令人滿意的程度，完成期望的工作嗎？
- **動機**：人們是否有動力盡其所能？他們誠實嗎？是不是以團隊的最大利益為重？他們是（或將會是）好隊友嗎？

現在，你已經準備好讓團隊參與這令人興奮的過程了。在採取下一步措施時，要注意盡量獲得最好、最誠實的意見，並盡一切努力打造一個心理上安全的環境，盡可能提高信任度。

所有這些因素 —— 權力差異、心理安全和信任 —— 都是我

們建議由領導者以外的人來主持這些討論的原因。

　　無論由誰主持，如果會議是同步進行的（無論是親自參與、以混合的方式還是完全虛擬），請務必考慮下列原則：

- **設定期望，即打造一個安全的環境，以獲得每個人的看法**。為每個人都留出時間和空間。讓大家知道如果自己被點名，是因為希望得到他們的觀點；而且如果他們沒有意見，也可以毫無顧忌地說：「我沒有什麼要補充的。」

- **禁止打岔**。這一點很重要。人們可能會對隊友的某些言論有強烈的意見，或覺得有必要為自己的想法辯護。當有人提出意見時，只有在回答相關問題或澄清想法的情況下才允許中斷。否則，團隊成員應該尊重地聆聽。每個人都有機會發表意見。

- **為每個人創造空間**。有些人可能會主導討論，但如果你告訴每個人他們的意見都會被傾聽，就請兌現承諾。這可能意味著要花費耐心來引導團隊成員提出看法，但這很重要！

- **如果你的團隊人數較多，請考慮分組討論**。對於那些在較大的團體中分享想法時，可能會感到害怕或害羞的人來說，這可以讓他們感到更加自在和融入。分成小組也是幫助控制任何負面權力動態的一個好方式。你可以在現場會

議和虛擬會議中，都使用分組討論。例如，如果泰芮是鮑伯的經理，那麼在她不會隔著桌子或網路攝影機用眼神殺死自己的情況下，鮑伯可能更願意在小組中發言。

在你把所有人都集合到辦公室之前

我們經常使用適用於過去的工作場所語言，但現在的情況已經今非昔比。我們仍然會說「掛斷」電話，即使現代的電話設備已不再掛在牆上。當我們談到「把人們都集合起來」時，也很容易就會想到實體會議；然而，以如今分布各地的工作場所而言，這既不現實，也不太可取。

不同的時區、分散的團隊，或是會議室被佔用 —— 這種種原因，讓我們很容易就認為非同步活動是退而求其次的選擇，或是在惡劣情況下所努力尋求的最佳解方。

但事實上，充分運用科技、有效利用時間和距離，往往可以提高所提供意見的品質，有助於做出更好的決策 —— 包括在這些團隊設計會議中。

過去幾年的研究表明，虛擬會議有時會比面對面會議產生更真實的回饋，尤其是來自女性和團隊中資歷較淺的成員。不必忍受不悅的眼神，也不需為了讓別人聽到自己的意見，而比辦公

室裡某些習慣自吹自擂的人嚷嚷得更大聲──這就可以讓討論更加公平和熱烈。

物理距離是其中一個因素。儘管說到將每個人的想法匯集在一起，意味著的很可能就是召開一次或多次會議，但並非所有工作都必須在同一時間內集合完成。為團隊設計徵求意見和達成一致的過程，需要收集資訊、鼓勵參與、做出決策，並將這些決策傳達給所有人。

沒錯，電子郵件是很好用，但像Slack、Microsoft Teams等工具及Monday.com或Trello[4]等特定專案管理軟體也非常有幫助。使用Microsoft Visio或類似工具來繪製流程圖或組織結構圖，可以幫助人們將團隊的結構視覺化，有助於他們的思考。

當人們有時間思考時，往往更容易花時間分析各種選擇並做出深思熟慮的回應。他們不會在所有人都盯著他們、等待答案的情況下，當場評估一個想法。

提供書面資料給人們，會對那些母語與你們的工作語言不同的人很有幫助。有些人在會議上發言的速度可能既難以應對又令人困惑，導致一些人對是否參與會議猶豫不決或乾脆不參加。

4　作者注：科技日新月異。在撰寫本文時，這些是最常用的工具，但將來它們可能（或是說極可能一定會）被其他工具取代；關鍵在於仔細審視並將現有的工具發揮到極致。工具的具體名稱並不重要，重要的是你如何使用手邊現有的工具。

隨著團隊在文化和國家方面變得愈來愈多元，如果你能為會議提供一個起跑點一致的環境，將會對團隊有利。

此外，非同步工具還允許匿名回饋。Slack 和 Teams可以建立特定主題的討論區，並選擇隱藏參與者的名字。如果這不太實際，則可以讓某個人來收集回饋意見，由他負責將所有想法建立成一份文件，並將名字刪除。

當行事曆、時區和其他工作讓我們不能安排會議時，這並不意味著我們無法著手進行這件事。例如，凱文經常會錄下會議內容，這樣無法參加的人也能取得共有的訊息，知道會議討論了什麼。團隊成員應該在他們情況允許時觀看這些錄影，而凱文則會在後續安排個別會談，除了確認訊息已成功傳達之外，也藉此回答任何問題。

如果有人不能到場，他們可以先了解情況，然後以其他非同步方式或在與主管的對話中，分享他們的問題和意見。錄下的檔案還可以謄成文字稿，這對於持續對話（或對非母語人士）可能也會有幫助。

當你把人聚集起來時

在時區和後勤條件允許的情況下，最好的方法是透過全體

團隊會議（親自參加或透過線上會議平台），來啓動整個過程。這不僅能最充分地傳達你本身的熱情和此專案的重要性，還可讓團隊有機會提出問題，針對專案表達他們自己的想法、擔憂和興奮之情，更讓每個人處於相同的基準點。

　　明確說明你會如何收集、處理和分享資訊。這個過程感覺上會有點像腦力激盪的形式。許多書籍和資源都介紹了腦力激盪的技巧，但你們現在仍處於收集想法和建立信任的階段，以確保每個人的想法都會被傾聽。無論所有人是親自交流還是線上會議，下列的一些重要事項都需要記住：

- 如實寫下所有想法和建議，盡量減少評斷。

- 在記下這些想法之前先予以釐清，這樣你就不會在無意中修改這些建議，或發送出這些想法能否被接受的信號。

- 不要總是依賴志願者先發言。那些最急於分享自己想法的人，往往會對團隊產生過多影響，或者可能創造出一個相反想法被封殺的環境。

- 試著讓團隊中的資深成員和新成員輪流發言。多數人在一開始不願意發表意見，等到輪到他們時，通常那些習慣發言的人都已經說過了，因此新的想法可能會被忽略。

- 在此類設計會議中利用團隊的多樣性。避免那些（通常是在無意間）將他人排除在外的行為和制度。請務必盡早向

可能具有獨特觀點的人徵詢意見。這就是在展現你在團隊
中想要實現的公平和包容。

- 使用網路攝影機有其價值所在。如果是以線上的形式進
  行，人們在發言時就應該對著攝影機。建議人們避免長時
  間盯著視訊鏡頭的原因有很多，但當他們就自己的觀點發
  言並回答問題時，豐富的交流是不可或缺的。
- 達成共識非常重要。請找出讓人們不會向同事暴露真實身
  分的投票方式。加權投票就是一個很好的方法，人們可以
  選擇他們的第一選項，同時也可以表達對第二或第三選項
  的支持。

　　這並不是說所有的團隊互動（包括此類為了設計的交流和
一般情況）都應該是完全同步或完全離線的。事實上，混合式方
法通常最為合適。想像一下，如果你召開一次會議來概述計畫、
介紹流程並回答問題或疑慮，會是怎樣的結果。大家接著會有自
己的時間，或以小組的形式來思考自己對於團隊設計問題的答
案。後續則會召開現場會議，目的在於討論答案、以收到的意見
為基礎持續發想，並淘汰不相關或不值得進一步考慮的資訊。但
在此會議之前，可以先透過非同步的方式，對想法和建議進行最
初的篩選。接下來，人們就可以在沒有時間壓力、同儕也不會不

耐煩的情況下繼續思考，進一步提出更深入的訊息和想法。

投票和決策可以同步進行，也可以非同步進行，但你需要記錄所有決策；你也可能會想要召開會議，來解釋最終決策、澄清任何問題或誤解，並激發團隊對最終設計的熱情。

最後，爲意見建議設定時限。給人們足夠的時間深思熟慮，但也要確保你仍然制定了參與的急迫感和明確的截止日期。身爲領導者，你需要建立簽到和提醒的機制，以確保成員的投入，並利用此機會參與設計過程。

要是會議能夠圓滿成功並激發靈感、所有人只要開一次會就可以達成設計共識，並在結束後立刻開始運作的話，那就太好了——但出於種種原因，這不太可能發生。人們需要時間深思彼此的意見，並考量如何回應。團隊可能需要以此爲基礎進行調整（希望只是微調），因此最好將整個過程（包括專案背後的原因）記錄下來，並放置在易於存取的地方。共用磁碟機、SharePoint網站、Teams或Slack中的專用討論區都可能很有幫助。

記錄最終設計並取得承諾

每個人都已經思考過並分享了他們的想法，你也已經記錄

下你的夢想設計。你們只差一點就要達成目標了。

　　只差一點。

　　計畫的有效性取決於執行。普魯士將軍克勞塞維茨（Carl von Clausewitz）曾說：「每個人都有一個作戰計畫——直到第一聲砲響之前。」而拳王泰森（Mike Tyson）也說過：「在被打中嘴巴之前，每個人都有一套對戰計畫。」當兩位名人說出上述名言的時候，他們都知道自己在說什麼。要執行一項計畫，我們必須先理解它，並對其投入承諾。

　　記錄這項計畫需要幾個步驟。你不只是在新增一份願望清單和團隊在時間運用上的流水帳記錄而已；你需要嚴謹的文件記錄，以便對照了解任何現有的限制因素（下一章將詳細介紹）。如此一來，團隊就能持續監控並改善其績效。這樣的文件可以幫助領導者更有效地指導團隊成員，同時保有每個隊友的承諾。

　　應該記錄哪些內容，又該如何處理？

- 將你的原始筆記和完成的所有文件，保存在任何人都能輕鬆取得和參考的地方。
- 將執行計畫儲存在相同的位置。

　　這些文件應該用於設定績效預期，它們是指導並讓團隊持續邁向卓越的重要工具。

一旦為每個角色確立了目標和期望，個人就應該能夠將自己的工作與團隊的工作連結起來。了解自己在整體設計中的位置可以為人們提供一個大方向，藉此增強他們對隊友和成果的承諾。如果目標和預期行為從一開始就清楚透明，那麼輔導就會變得更加容易。有了團隊設計的記錄，幫助人們負起責任就變成一件容易的事。「我不知道」實際上並不是一個合理的藉口。

在團隊一開始運作的時候，計畫仍會繼續發揮重要作用。當需要做出決定時，團隊應參考最初的計畫。這種新情況會不會影響我們的計畫？我們的處理方式應該如何符合我們設定的目標？

凱文多年來一直在做的一件事，就是在會議中使用團隊一致同意的原則，來作為討論的框架。例如，凱文·艾肯貝瑞集團有非常明確的使命、願景和價值觀聲明，在大多數團隊會議中，都會快速提醒大家上述內容，以及所有決策都必須符合這些標準。

如果你覺得這會有幫助的話，它的內容是這樣的：

使命　為領導者和未來的領導者及其團隊、組織和世界帶來顯著的改變。

願景　凱文·艾肯貝瑞集團是全球公認的領導力思想領袖，致力於創造和推廣強大的學習工具與經驗。透過我們的努力

及合作夥伴關係，我們每天都在幫助組織和領導者將世界變得更美好。

價值觀 真實性、平衡、學習與成長、領導力、人際關係、有意義的工作、啟發。

你應該將最終設計計畫與團隊共享，同步與非同步並行。請確保將其分享到人們可以取得和參考的地方，無論時區或時間如何。與盡可能多的人即時分享結果，將有助於建立投入的承諾。

請記住，雖然選擇投入與否的是團隊成員自己，但這通常不只是一個單純的個人決定而已。人們會選擇投入對他們個人來說重要，同時也符合社會需求的事物。如果你看到你的隊友致力於實現一個願景，並應允履行其承諾的話，你是否也更有可能會這樣做呢？

當你參與了設計過程、意見也被傾聽和重視的時候，你就更有可能致力於團隊的長期成功。

如果你是團隊的一員，你就會有更多參與其中的理由，因為這樣的解決方案你自己也有所貢獻，而不是來自「高高在上」的命令。團隊的成功與你的情感、心理和社會方面息息相關；對於出色的工作應該如何，你也有清晰的願景。

如果你是團隊主管，團隊設計可以讓你更有效率地進行指

導、績效管理和流程改進，藉此邁向永續的成功。

如果你是資深領導者，你的員工已經幫助你打造出團隊設計，而你的責任在於協助建立結構和流程，用以實現這些野心勃勃的目標。

小結

設計一個能夠完成工作、並協助從團隊成員到執行長的每個人都能夠遊刃有餘的團隊，是一個漫長而複雜的過程。請記住，計畫如何執行，以及人們在其結構中的互動方式，將決定人們是否願意在你的組織工作。根據我們的經驗，實現此目標將是一項艱難的工作，但如果你能運用在這裡學到的知識，人們就會因結果而充滿熱情；而且在這個過程中，三C模型中的每個C元素，都有可能再獲得強化。

Chapter 7.
重新打造現有團隊

　　愛麗絲的上一支團隊非常成功，每個人都對他們積極、充滿活力的文化以及大家共同努力實現團隊目標的方式讚不絕口。她被提拔到一個新的部門，新的任務充滿挑戰。她接手的團隊大多是資深員工，以固執己見、不與公司其他部門合作而聞名，但她並不知道之所以如此的原因。此外，他們的上一任經理離開時也很沮喪，因為團隊中的大多數人似乎不僅拒絕接受公司指定的目標，而且還總是無法達成。愛麗絲對她理想中的團隊有清晰的想法，但這似乎與她的現實情況天差地遠。

　　在上一章中，我們探討了如何設計一個團隊，並為**從零開始**打造理想團隊奠定了基礎。但是，我們大多數人都會遇到與愛麗絲類似的另一種情況，你可能會發現自己面對的是一個已經建立起來的團隊。就像一句老諺語[5]所說的：「船已經在水裡了，

5　譯注：原諺語為：「修屋頂最好的時機，就是出太陽的時候。」意為未雨綢繆。

你現在就得把它修好。」（You need to fix the boat while it's in the water.）

從零開始打造你所設想的團隊，與重新設計和改變現有團隊運作方式之間的區別並非「沒錯，但是」，而是「沒錯，而且」。**沒錯**，無論團隊是否已經存在，所有用於打造團隊的設計要素都適用。**而且**，還有一些複雜的因素。例如，已經在進行工作的人員有自己的工作習慣，但現在正在改變中的工作時間和地點，可能會引發他們的抗拒。

雖然你會讓團隊參與這個過程，但在現階段，你可能正在試著理清自己的想法。這意味著我們需要在已經分享的流程中增加一個步驟，即新的第三步。現在的步驟是這樣的：

1. 從整體方向開始思考——打造你的夢幻設計
2. 實際應用設計時的考量
3. **檢視你可能無法與團隊討論的情況和限制因素**
4. 一起決定最終的團隊設計

在構思完你的團隊之後，你需要審視目前的情況。團隊也許可以協助你進行部分分析工作，但作為領導者，有些工作仍可能需要由你來完成。在最終確定你的設計之前，請考慮以下事項：

- 目前的團隊成員有誰？
- 現有的團隊設計和架構是什麼樣的？
- 還有哪些其他的限制因素？
- 目前的情況和設計會對三個C（溝通、合作和團結）造成什麼影響？

目前的團隊成員有誰？

團隊已經完成了新設計方案的初稿，但有時候你會需要為角色指派人選。當團隊已經存在時，就會出現另一個問題：人選都是已經指定的。無論你考量的變動有多大，都必須檢視團隊中現有的成員。

- 表現最優秀的人是誰？
- 經驗最豐富的人是誰？
- 誰對正在討論的變動似乎更加投入？
- 誰是影響者和意見領袖？
- 最適合任何新角色或流程的可能是誰？

這就是實際情況。我們特意讓你在最初的步驟中排除這種思考過程，因為我們不希望你──不管是有意或無意地──圍繞

著特定人物進行設計，例如位於愛達荷州博伊西（Boise）的鮑勃或倫敦的露易絲。當你開始為職位和工作描述加上名字時，可能會發現有人一定會準備抵制變動，同時另一職務的某人卻對新流程予以支持。找出可能的阻力或擁護者，會讓計畫的實施變得更容易。

員工不僅只是工作描述而已；他們是團隊運作的一部分。在理想情況下，他們是領導者和出色的隊友。有時，他們只是表現平平的普通人，對團隊沒有任何正面或負面的實際影響。他們也許會積極地推動工作，也可能成為阻礙。處理這些現實問題可能會影響你的設計，但不要基於個人情況對設計進行過度調整。相反地，請你認清自己可能需要提供額外的輔導，以幫助人們適應新的設計和新的方法，讓整個計畫能夠順利運作。

問問自己下列這些實際的問題：

- 現有成員是否能讓我們實現我們的設計？
- 我們能否藉由輔導和培訓來實現目標，或者我們是否有需要用新技能或新資訊來填補的差距？
- 我們最有經驗的團隊成員，是否具備以設計建議的新方式來執行任務的知識與技能？
- 在波士頓（或邦加羅爾）的貝卡會接受改變還是引發衝突？

- 團隊成員對工作時間和地點的感受,會形成變更的助力還是阻礙?
- 較缺乏經驗的員工是否準備好以新的方式邁出步伐?
- 我們如何利用團隊中的佼佼者來塑造新的期望行為,並影響其他團隊成員?

　　領導者必須單獨或與一組顧問一起思考其中的許多問題,而不是用即時通訊或電子郵件與團隊分享。這是領導者的責任。認真思考這些問題,將有助於你為團隊改進如何接受並執行你的設計草稿的方式。

　　重要的是要認識到,你不應該試圖獨自實行設計。每個團隊都有能夠影響他人的成員,無論是出於職位、資歷、個性、關係或是表現,這些意見領袖/變革推動者對你的執行都很重要——尤其是當你與遠距團隊合作時。確保你協助這些意見領袖成為正面的影響者,而不是將團隊引導至負面或憤世嫉俗的態度。

現有的團隊設計和架構是什麼樣的?

　　領導者需要思考工作中的人際動力學。我們很容易就會想

使用「團隊合作者」或是「不良影響者」等等的標籤，但請記得這些標籤不管是正面或負面，它們通常都帶有偏見，可能對解決問題並沒有幫助。

我們需要的是客觀的觀察。請忘記他們現在、看起來或過去是怎樣的員工；重要的是他們實際上做了什麼。記住，我們不可能準確地評估動機，因為我們的想法往往會被自己的感覺和態度所左右。真正重要的是行為——尤其是未來的行為。以下是一些我們討論到的例子：

- 人們會**做**哪些事？哪些行為會受到團隊成員的優先重視？以績效評估和社會氛圍來說，哪些行為會得到獎勵？

- 會議中有哪些已經發生或正在發生的事，會促使團隊滿足於敷衍了事的工作或選擇做出良好的決策？

- 領導者的哪些行為（無論正面與否）會影響團隊的其他成員？

- 組織中的其他人做了哪些事，因而對團隊作業形成了支持或阻礙？舉例來說，如果有人很早就接到交派的工作，但卻任由它在其他人的辦公桌上擱置的話，很顯然時間對每個人來說都不是優先事項。

- 你對這些問題的回答如何影響你希望實行的設計？

有哪些其他的限制？

　　假使你的設計確立的是百分之八十五的工作可以有效透過遠端完成，但組織已經決定員工需要花百分之五十的時間在辦公室工作，你就會面臨不一致的情況。如果你的組織會以獎金或其他公開的表揚來獎勵**個人**努力，但你的設計著重的卻是**團隊**成功，你該如何從中協調這兩種方法呢？

　　根據你在組織結構中的位置，你可能有能力，也可能覺得自己沒有能力影響重大議題。舉個例子，假設你是巴黎或伊利諾州皮歐立亞（Peoria）的中階管理人員，你目前可能什麼都做不了，但不要放棄希望。儘管我們對你們大文化的了解並不深入，但如果你有耐心並持之以恆，仍然可以推動改變。事實上，你在團隊設計方面所付出的努力和工作品質，將對組織的其他成員產生強大的影響。可能沒有其他人像你一樣，對工作進行過如此廣泛的分析。當你提出自己的疑慮或要求例外處理時，你可能會對所獲得的回應感到驚訝。

　　改變始於微小之處，這些小小的勝利可以打造出可觀的成功。你和你的團隊有什麼理由，不快點開始滾動雪球呢？

　　如果你的設計遇到了障礙，要實事求是，但不要聽天由命。向上報告你團隊的工作，看看在現有原則和既定規範的範圍

內，你還能有多大的自由度來實現你想要的設計。如果你無法獲得所需的變更或特許，也要以開放的方式告知你的團隊。

目前的狀況和設計會對三個C造成什麼影響？

你的初步設計已經將溝通、合作和團結這三大支柱的目標納入考量了。從這三個層面來看，現有的設計是什麼樣子的？在思考現狀的過程中，你可能會發現其中的一到三個層面還有很大的差距。假設你希望在你的設計中建立強而有力的關係，但目前這種關係還很薄弱或根本不存在，那麼你就知道你在這方面還有努力的空間。如果你的會議——無論是面對面、虛擬會議或混合形式的會議——已經相對有效，那麼你就不需要在這部分花費太多精力。有意識地思考目前的狀態與未來的設計在這三個層面的差距，將有助於你決定團隊需要優先把最多的時間花在哪裡。

確定最終的設計

一旦考慮到目前的現實情況會對設計產生怎樣的影響之後，就需要將其納入最終設計中。即使你不得不因此對初稿進行調整、順延或徹底地修改，也要記住當初設想願景的工作仍然很

重要，不要失去你和團隊的那幅景象。也許在直接達成最終願景之前，你只需要再踏出過渡的一步而已。不要忘記你的最終目標。

根據你在本章中所做的工作，向團隊提出你的分析和問題。你可能會驚訝於他們可能有多願意投入，你也可能會從他們那裡獲得一些珍貴的見解。繼續讓他們參與，是成功重新設計現有團隊的關鍵。

小結

與新團隊一起為全新的工作實行新設計，是一項涉及變革的艱鉅任務；但為現有設計重新構思和在水中打造船隻，則需要更深層的變革管理和領導技能。你已經讓成員參與了未來的設計，但你也必須考慮目前的狀態。請記住，儘管現有的習慣、例行公事和角色很難更動，但它們還是可以改變的。

Part **4.**

創造你的理想文化

當一個團體聚集在一起時，自然會形成一種文化。文化會隨著時間的推移而改變，尤其是當你的工作環境正在改變的情況下。但它是否會朝著你希望的方向改變，並支持你想要的組織、團隊和結果？答案是不一定。這就是為什麼我們需要刻意合作，來思考我們想要的團隊文化類型——這樣我們才能將它打造成形。在本章中，你將會了解打造團隊文化所需的工具和流程，這些文化將為你的團隊提供支持，並實現你想要的結果。

Chapter 8.
定義你的理想文化

　　史蒂芬諾是一位執行長，他認爲正確的文化，是打造高績效企業的關鍵。他的企業人才濟濟，既有經驗豐富的資深人員，也有朝氣蓬勃的年輕人，似乎都已經準備好要大顯身手；但還是少了什麼。他也擔心去年合併後帶來的巨大改變。每個團隊彷彿都不一樣，有時與不同的團隊面對面或進行虛擬的會議，感覺卻像踏入全新的國家或地理區域。他眞的相信文化是通往更加成功的鑰匙，但目前似乎連鎖頭在哪都還找不到。

　　這位虛構的史蒂芬諾，讓我們想起了幾位合作過的執行長級高階主管。他們知道企業文化的重要性，也希望其他人同樣能認識到這一點，但他們並不完全清楚如何打造他們所設想的企業文化。

　　在第二章中，我們將團隊文化定義爲「我們在這裡做事的方式」，也在第三章談到了每個人皆共同擁有團隊文化的事實。既然如此，你可能會想知道，我們爲什麼要在這裡提到執行長級

的高階主管？如果我們所有人都要爲團隊文化負責，那爲何開頭的是一位執行長的故事？

　　儘管我們完全同意團隊文化是由每個人共同擁有（正如你將看到的，我們也認爲團隊文化應該是有意識地共同打造成形），但一定還是有個起點。如果你屬於高階主管的層級，本章就是爲你設計的——我們要討論的，是定義理想大文化的整體流程；而下一章將協助你運用同樣的流程，來定義任何團隊的微文化。如果你的公司只有十到十五人，這兩種文化可能就是同一種文化。組織規模愈大，這個過程就愈複雜，但過程背後的思維不會改變。

潛在的真相

　　本章標題中，隱藏著兩個在眼前被忽略的重要眞相。讓你的團隊接受這些眞理，就如同你自己也要接受它們一樣重要。除非每個人都看到並理解這些事情，否則你將面臨合理但不必要的阻力。

- 眞相1：我們可以定義和設計團隊文化。是的，文化是自然而然的存在，但一個團體或團隊，可以有意識地改變和調整這種文化。團隊文化不會立即、也無法靠魔法改變，

但可以透過有意識的努力進行調整。

- 眞相2：如果我們要改變它，爲什麼不乾脆大刀闊斧地進行呢？不要對你的期望設限。一旦你意識到自己可以定義（並改變）你的團隊文化，就可以確定你想要的是什麼。沒有必要只滿足於循序漸進的改進。

在遠距工作的世界裡，很多人都覺得團隊文化變得不那麼明確或不穩定，也較難以受到控制或影響，這些都是愈來愈重要的眞相。

定義文化的過程

我們將在本章概述一個定義和打造理想文化的流程，在分享詳細資訊之前，我們先概括地瀏覽一下這些步驟。

1. **確定時機**。你可以在任何時候定義你所期望的文化，但確立要打造轉折點的正確時機非常重要。假設你知道組織即將進行重組、如果你的團隊人員流動頻繁，或是倘若新的領導階層即將上任，它們可能就會是你的轉折點；這些可能是你正在尋找的時刻——或者說，它們將幫助你確定最正確的時機爲何。

2. **溝通原因並開始流程**。每個人都需要理解你正在進行改變的原因，以及它為什麼重要。朝著理想的願景邁進應該被視為變革——因為它確實就是變革。這是你開始的方式。

3. **建立一個小組**。確定你將召集哪些人來進行初步作業，並且確立你對該小組的期望。

4. **構思畫面**。確立小組對完美工作文化的想像，並且開始發想。

5. **草擬文化願景**。一旦有了畫面，小組就必須將其付諸文字，讓其他人也能以相同的方式看到。

6. **使其符合團隊並據此進行修改**。由於並非每個人都參與了願景與其陳述的發想，因此你必須取得回饋來改進願景，並讓團隊參與討論。

7. **最終完成並正式傳達願景**。理想的團隊文化需要言詞的支撐。就是在這個時刻，你會最終敲定你的初稿；一旦定稿，請廣泛地分享。

8. **使微文化更加完善**。一旦組織確定了文化的未來，團隊就可以自己繼續進行對話（詳見第九章）。

9. **付諸實踐**。確立理想的文化是一回事，但如何付諸實行則是另一回事。這就是第十章的重點。

讓我們一起深入了解。

1. 確定時機

　　史蒂芬諾感覺到了對於改變的需求。如果你也有這種直覺，那就聽從它，但這並不一定意味著你明天就應該開始這個流程。正如同任何重大的新措施和變革的引入一樣（我們要做的事是兩者兼具），時機很重要。例如，如果你們是零售業或會計師事務所，你當然不會希望在一年中的幾個特定業務高峰期被打擾。或者，如果你和組織都因為重大的變動而感到疲憊，你可能會想再等等。例如，如果合併是上週才宣布的，現在進行就還太早。但如果團隊文化的困擾已經存在了一段時間，那就應該尋找適當的時機，而不是直接說「我們現在做不了」。

　　如果你是高階主管，請開始討論你的所見所感，以及你需要如何調整團隊文化，來了解團隊成員的接受度和投入承諾的程度，並在啟動這項工作的時間點方面取得共識。

2. 溝通原因並開始流程

　　下列原因的其中一些，可能就是你想要重新定義團隊文化的最初動機：

- 合併或收購
- 市場環境發生重大變化
- 管理階層發生重大變化（尤其是在領導風格不同的情況

下）

- 人才留任問題
- 員工士氣或參與度問題

雖然這些或其他因素對你來說可能很明確，也是你想要重新定義或重新構思團隊文化的原因，但將此新措施傳達給組織是非常重要的。身爲領導者，你的視角不同——其他人未必會以與你相同的方式，看待或重視你所看到的事物。

請將這個步驟視爲爲他人提供背景脈絡的一種方式，讓其了解你需要改變此工作文化的原因，以及爲何現在就得進行。

需要注意的是，也許有些人樂於接受這種改變——「該是我們著手改善團隊文化的時候了！」有些人大概認爲沒必要——「我們的文化很好——至少不比我工作過的其他地方差。」還有些人可能會覺得很荒謬——「你不可能眞的在這裡造成什麼改變！」在 個組織中，這三種觀點很可能都有其信奉者。甚至有些人根本不關心團隊文化——他們只是來工作的，並沒有任何改變現狀的意願。例如，承包商常常覺得自己並不是「眞正」的團隊成員，他們的工作方式好像完全獨立於團隊之外。這就是爲何在試圖進行改革的任何努力中，明確界定目前情勢並需要對團隊文化進行審視的原因，都是如此地重要。曾經感到乏味或脫離團

隊的人，可能會因此改變他們看待隊友的方式，以及他們與組織之間的連結。

3. 建立一個小組

如果你的組織規模較大，你會需要一個代表小組來啓動這項工作。你的職責是在適當的時機提出問題，宣布重新定義文化的需求（並解釋原因），然後提供資源並參與其中，但不主導或領導這項工作。這不能是史蒂芬諾（或你）的文化，而必須是整個團隊的文化。爲這項工作建立一個小組，包括確定小組成員、對其設定明確的期望，以及提供一個他們可以提出意見的流程。

根據我們的經驗，此小組應包括：

- **想要參與的人**。你會想募集變革的初始支持者，以及對這項工作充滿熱忱的人。從志願者開始。
- **能夠呈現整個組織代表性的人**。從志願者名單中選擇，以建立一個橫跨人口統計、組織部門和組織層級的代表性群體。
- **能夠呈現出團體代表性的人**。這個小組可以提供他們的意見，但他們的思考方式必須像代表，而不是個人。最終他們的構想將回饋給規模更大的組織，而此小組將在溝通初稿和取得意見回饋方面，發揮重要的作用。

- **高階主管或發起人**。這個人（也許就是你）應該以成員的身分參與對話，而不是領導者。
- **不要超過二十人左右**。如果小組人數太多，流程會變得較難順利掌控。雖然從團體動力學的角度來看，人數少於這個數字是剛剛好，但對於這種類型、範圍和重要性的工作，你可能還是會想多找一些人。
- **主持人**。這很可能是來自團隊或組織之外的人，能夠保持中立並專注於過程。他們應具備良好的引導技能；如果還對我們在此概述的目標和流程非常了解，那就更好了。

你所募集到的志願者人數，很可能會比小組需要的人數還多（如果不是這樣，你的團隊文化問題也許比你意識到的還要嚴重）。你要向他們表示感謝，或許在正式小組會議之前從他們那裡收集一些想法，並在本流程的第六步中加以利用。

4. 構思畫面

接下來把這個積極的小組聚集起來，開始為你的組織或團隊打造理想文化，目標是為此集體的理想文化進行最初的構思。它必須以文字來呈現，但文字背後將有很多象徵意義和深度。這意味著你在一開始的時候，不應該只是草擬條列式的要點而已，

而是必須預見未來狀態的立體畫面。人們往往嘗試只使用文字，若你納入更多的圖像、圖片、故事、模式和比喻，文字就會變得更加眞實有力。你需要靠你的顧問和／或主持者來訂立細節，但以下是此步驟的一些內容及你將使用的工具：

- 回顧此次行動的背景脈絡和原因（重述步驟二），並釐清本次開放式互動會議的目標。

- 爲參與者提供坦承分享想法的機會，鼓勵他們敞開心胸。爲了有一個好的開始，重要的是讓大家在擴展自己思維的時候有安全感，也不妄下判斷。

- 將練習和**多重感官法**納入其中，來爲你的組織描繪完美的文化。在太快轉向文字之前，先花時間檢視和討論那個畫面。

5. 草擬文化願景

在夢想和構思的階段之後，你必須盡力捕捉願景，並將這些想法轉化爲有意義的文字。雖然你具體的用字遣詞將來自團隊的努力，但請使用三C模型，來協助確保你正在爲你的理想文化，創造一幅完整且全面的畫面。

修辭工作可能很繁瑣，但其中許多工作都十分重要。（這也是你需要一位熟練的主持人的另一原因）。請記住蘇格拉底所

說的：**智慧始於對詞語的定義**。詞語是什麼其實沒那麼重要；重要的是這個團隊對它們的理解有多清晰，並且能夠與更大的組織分享。

此外，最終文件將反映出一同打造的參與者的感受，但那些在初步工作完成後才加入的人呢？他們是否能夠理解並欣賞自己加入的是一個什麼樣的團隊，以及如何在這個團隊中如魚得水？請確保你有辦法將文字背後的感受，傳遞給那些未曾直接參與此過程的人。

請記住，我們的目標是用文字描繪出一幅清楚且令人振奮的理想文化圖像。陳述應該清晰、真實、簡潔；使用的語言愈真實（感覺起來愈不像官方說法），它就愈有力、有效，也更容易被理解。如果篇幅超過一頁，那就太長了。

關於步驟四和步驟五的討論還有一點──此流程的進行若一切順利，則會帶來能量和期待，而且很可能成為你試圖描述的文化之許多特徵的具體呈現。凱文曾經交談過的一些人，都在討論結束多年後，仍然深深記得並充滿熱忱地談論其中的內容。若團隊對他們的工作成果一直滿懷著顯而易見的衝勁，接下來的步驟就會順利得多。

在大多數情況下，我們的目標並不是要把現有文化的一切都拋諸九霄雲外。儘管你想要描繪一個理想的未來，但你也許還

是想保留你團隊文化的一些（也許是很多）內容。請確保這個團隊——和組織的其他成員——都能看到目前的團隊文化即將延續下去的優點，以及他們應該追求的目標。換句話說——當你在檢視陳述的初稿時，會發現比起其他部分，有某些部分離你的目標更近。

6. 使其符合團隊並據此進行修改

　　一旦初稿完成，它就需要廣泛共享並使其符合團隊。如何實現這一點，將會因組織的規模和複雜程度而有很大的不同。請以先前順利溝通變革的例子作為指南，並想辦法讓核心小組和那些自願幫助創建願景、但未被選為核心小組成員的人，都參與這個過程。以有意義的方式將他們納入下一個階段，並將他們視為整個過程中的變革推動者。好好運用他們的幹勁和興趣並予以獎勵。

　　團隊的目標並不是將理想文化的初稿作為完整作品來展示，因為它還沒有完成。相反地，我們的目的是去分享它及它背後的意義；等分享完成後，分享者（可能是核心小組）應針對此願景本身和用來描述願景的字詞，徵詢問題和回饋。

　　獲得這些回饋為何重要，有以下原因：

- **最終的願景會變得更好**。隨著你得到的回饋愈來愈多，語

言也會變得更加清晰，更具包容性。

- **興趣和衝勁將會提高**。徵求回饋意見將提高人們對此過程的衝勁和興趣，也能表明組織對這一努力作為的認真態度。

- **責任感會增強**。讓人們發表意見有助於增強他們的責任感。畢竟，你正在努力打造一個集體願景，而不是一個來自會議室小組的願景。

- **期待感會增加**。人們會開始期待未來的狀態！即使是最憤世嫉俗的人，也會看到朝著所呈現出的願景前進的價值。

- **變革即將開始**。你會開始對別人的感覺和想法造成影響。記住，比起其他人，你和核心小組擁有更多的理解和認同。我們很容易抱持的錯誤認知，就是認為別人看到的和自己看到的一樣。採取這一廣泛的社會化步驟，將有助於克服這個問題。

請考慮以同步和非同步兩種方式來推廣這個想法。當然，在現場對願景進行描述和討論很有幫助，但要確保你記錄了這些內容，並讓組織中的每個人，即使是遠端工作的人，都有機會分享他們的想法、意見和問題。使用頻道和討論區等技術工具來予以協助。不過請記得，當討論的內容愈豐富，且愈多人認為他們

有機會提供意見的時候，你就會愈快獲得對願景更強力的投入。

7. 最終完成並正式傳達願景

　　現在你已經收集到組織的回饋，就可以更新初稿了。雖然你可以讓整個小組回來完成這項工作，但你可能會想使用原團隊的一個小分組，或者讓整個團隊以非同步或虛擬的方式會晤。請利用你過去的組織經驗，來打造一個適用於這裡的流程。

　　一旦最終成品已經完成，請廣泛傳達。你很有可能經歷過在組織中，來自上層的訊息被傳達的情況。無論你是否喜歡這個想法，但如果沒有相應的執行計畫，它就可能感覺起來很空泛。不要讓人們對一個願景興奮不已，卻對接下來會發生什麼事感到茫然。

小結

　　為你的團隊或組織打造理想文化可能很令人振奮，但請確保你將其視為組織變革的努力來對待，因為它確實就是如此。它不只是一套新的軟體系統或流程變更而已；實際上，它牽涉到的層面廣泛得多！它是重新設計和重新建構組織——也正是我們做事的方式——的開端，這些努力能在未來讓組織更為成功。

Chapter 9.
在大文化中打造微文化

露易莎希望有所作為，她一直以來，都積極主動地努力讓事情變得更好。這種積極性是她首次被晉升到主管職的重要原因，而現在，她把目標放在改善團隊文化上。她意識到，並不是每個人都認為自己能改變團隊文化，因此他們覺得光是討論這個問題，都是在浪費時間。因為他們是一個混合型團隊，所以許多不進辦公室的人，認為這並不像每天進辦公室的人所想的那麼重要。事實上，他們表現得幾乎就像他們是完全獨立的團隊一樣。然而，露易莎認為，更強大的微文化對團隊和對她的職業生涯來說，都可能成為一大優勢。出於她的天性和經驗，她不想再等待了，是該改革團隊文化的時候了。

或許你和露易莎有共鳴。如果是這樣，那麼這一章就是為你而寫的。或者，也許你比她更加保守——你知道改變團隊文化會有幫助，但你並不那麼急切或有自信的話——這一章也是為你而寫的；因為一旦你有了計畫，也知道自己不是在孤軍奮戰的時

候，就會準備好向前邁進。

我們的目標

你知道團隊文化很重要，也可能意識到不同地點、不同團隊和不同地區的文化皆不盡相同。這一切都沒有問題——我們有空間可以容納差異。我們可以像對待組織的整體文化一樣，有意識地打造微文化。因此，我們的目標，就是有意識地去打造一種有價值的微文化，並與大文化相互連結一致。

要是你是露易莎，而組織並不是用同樣的方式來處理這個問題呢？比方你的團隊因爲要確保所有事情都有確實的文件記錄，所以他們在回應要求方面是慢出名的。在這種情況下，大文化和你團隊的微文化之間就會產生衝突。如果你能意識到這種衝突的話，你就更能判斷自己應該等待，還是積極主動地處理你的微文化問題。

我們建議你勇往直前，因爲你知道自己所打造的團隊文化，可能會成爲推動整個組織變革的積極力量。即使大文化尚未完全確定，你也很可能有空間來定義你的微文化。即便沒有明確的定義或充滿抱負的願景，大文化仍然存在。等你打造的團隊文化達成卓越成果的時候，組織中的其他人就會注意到了。

在第三章中，我們已經深入討論過（並希望能說服你了解）如果你是團隊主管，你對團隊的微文化會有多大的影響力。然而，即使正讀到這一段的你是個沒有職位權力的隊友，也請知道你是團隊文化的一部分，可以對其造成影響。請在閱讀時牢記這一點。

從概念上來說，我們將把上一章介紹的相同文化定義過程應用到這裡，但你會需要處理一些重要的背景脈絡差異。如果你需要複習這些步驟，請往前參考第134頁。

決定你的時機

假設你是露易莎，那麼無論整個組織目前是什麼情況，現在都是開始行動的時候。你和你的團隊愈早形成共同的理想文化，團隊就能愈早朝著這個目標邁進。不過，在某些情況下，你可能會想要踩煞車，而不是猛踩油門。請考慮下列問題：

- **組織目前是否（或將在近期）進行其他的重大變動？**如果是的話，等待這些變動已經執行、或至少得到理解之後，可能是正確的選擇。

- **整個組織是否正在進行有關文化的對話？**如果答案是肯定的，請先等待這些對話有所結果（稍後會更詳細談到）。

- **你的團隊微文化目前的強大程度爲何？**是的，它很可能會
  得到改善，但這種努力是否是對你現在的時間、精力和注
  意力的最佳（即最充分的）利用方式？

假設這些警示的徵兆沒有一個存在，那麼現在也許、甚至
很可能就是一個定義團隊微文化的絕佳時機。

溝通原因／開始流程

爲了從每個人那裡獲得你所需要的影響力和承諾（以及由
此產生的團隊文化願景），你必須傳達目的，了解並處理團隊的
問題和疑慮。準備好回答類似的問題：

- 你爲什麼覺得現在是打造團隊文化的時機？
- 有哪些因素讓你得出這個結論？
- 爲什麼這值得付出努力？
- 整個組織會支持我們的努力嗎？

如何開始這個過程對你的成功來說非常重要。雖然你還不
是在爲團隊定義文化（我們也不敢假設我們知道你的目標在哪
裡），但我們確信你希望在你團隊的微文化中，獲得更多的承

諾、更多的合作和高度信任。透過溝通讓人們參與這項工作，是
一種模擬你在未來文化中想看到何種事物的方式。

建立一個小組

在我們上一章概述的流程中，這一步非常重要 —— 從較大
的組織中尋找並建立一個小組。若是要定義微文化，這可能意味
著每個人都將直接參與其中，取決於你的團隊大小。如果你的小
組規模較大，表示你可能是正在為一個區域、部門、大型機構或
其他大型團隊構思這項工作。真是這樣的話就太好了，請回顧一
下前一章，因為那裡關於大型團體的建議在這裡也適用。（你也
可能會讓較小的工作小組稍後進行進一步的微文化作業）。但如
果你的團隊少於十五到二十人，我們鼓勵你在過程中徵求並樂於
接受每個人的協助。

描繪藍圖

你的目標，是為理想的微文化打造一幅立體的藍圖。這種
視覺效果應該能讓團隊感到興奮，除了能給成員躍躍欲試的感覺
之外，光想到團隊的工作效率會有多高、團隊會有多成功，就讓

人振奮。上一章所概述的步驟（第136至144頁）也適用於此。

你應該從哪裡開始？是從微文化的願景著手，還是應該先處理組織架構？既然你知道最終的協調很重要，你可能會因此認為先從大文化開始，是更方便也更有效的。但是在我們直接做出這樣的假設之前，先看看幾個問題。

- **大文化的願景是否存在？**如果不存在的話，就很難從那裡開始。

- **大文化的願景是否會為我們帶來束縛？**沒錯，最終你還是需要協調一致，但如果一開始就太專注於大文化的願景，你會不會就只是對其表示同意並採用而已？如果真的變成這樣，你就不可能進行對話——然而，對話卻能使你的微文化成為你們自己的團隊文化，並最終發揮其應有的威力。

- **我們能否以大文化的陳述作為指南？**我們建議你快速查看該陳述的風格和取徑，然後就擱在一旁，專注於你的團隊需要什麼。

一旦確定了大文化願景的角色，你就可以開始為你的團隊量身打造藍圖。請提出以下的問題：

- 我們希望工作看起來和感覺如何？

- 我們想要如何互動？
- 團隊和我們的工作有哪些屬性和特質，會帶來出色的結果？
- 我們會如何描述最喜歡的工作場所？
- 完美的工作環境和文化會是什麼樣子？

向自己和隊友提出這類問題，將使你能夠進行深入且令人振奮的對話，這會有助於打造一個令人信服且激勵人心的未來文化圖像。

在討論和對話之後，就該起草一些字詞來描述這個願景了。用詞要清晰、簡單，看起來不要像官方說法。

如果你想在這裡尋找具體的範例，那你可能會有點失望。對於太早就展示範本宣言，我們通常抱持著謹慎的態度，因為人們往往會迷戀他人的言辭和陳述，卻不努力為自己創造有意義的話語。

使其符合團隊並據此進行修改

要是你是和整個團隊一起完成上一步的，那麼你就沒有可以對照此願景的對象，但「先放下再慢慢思考」（sleep on it）的

片語在這裡仍然適用。由於在討論過程中，大家是字斟句酌地在記錄理想的文化願景，因此當團隊成員結束並離開這個環節時，他們可能會感到非常興奮。雖然你想要的就是所有的幹勁和投入——尤其是關於這樣的主題——但還是要花一點時間讓它沉澱下來，並思考它的價值。

　　請提供多種方式，包括線上和離線、以及同步及非同步的方式，供人們提出建議和問題。如此一來，每個人都有充分的機會表達意見，避免群體思維或沉浸於當下的一頭熱。記住，為了避免同儕壓力或群體思維，提供匿名的意見分享方式可能十分重要。安排另一次會議，再次檢視這個願景，確保每個人仍然對願景感到滿意，也沒有新的問題浮現。

統一並確認

　　倘若大文化的陳述確實存在，那麼現在就是仔細調整你的言詞，使其與該願景一致的時候了。這裡最重要的問題是：「我們的微文化陳述，與大文化的陳述是否一致？」

　　你建立了自己的陳述，這一點固然重要，但它不能與整個組織的願景背道而馳。這裡有一個簡單而明顯的例子。如果宏觀的願景明確指出組織文化所注重的是團隊精神和合作，而你的微

文化願景卻以獨立作業和個人貢獻為重點的話，就會產生問題。

你的言詞及其背後的含義很重要。我們並不認為你所使用的言語必須符合大文化的願景或完全成為其複製品；如果我們真的這麼認為，就不會建議你打造自己的願景了。然而，但這些陳述和願景必須明確是一致的。

花足夠的時間找到一致性，並在必要時對文化願景的遣詞用字進行修改，以確保一致性。

最終確定並正式傳達願景

一旦達成了一致，就是確定願景的時候了。同樣地，假使你的團隊規模較小，而且所有人都參與了打造的過程，那麼這一步就不會太複雜。但如果你是在較大的部門或地區範圍內進行這項工作，那麼前一章關於這一步的建議也適用於你。

執行

接下來的兩章將為你提供一些詳細的建議，告訴你如何讓你的願景成為現實，因此，遵循這些步驟和建議非常重要。你在此之前已完成的工作蘊含著巨大的力量；根據我們的經驗，如果

你到目前為止一直是以開放和包容的方式遵循這些步驟的話，那麼，此過程本身很可能已經推動你朝著文化願景的方向前進了——無論你如何定義它。

然而，要是人們把這份努力看成是一種假動作，或者是一項沒有後續作為的空洞行動的話，那麼你可能希望藉此提升的信任度和參與度，也許會下降到比這整個流程開始之前更低的水準。而且，團隊遠端工作的時間愈長，風險就愈大。

當你們一起努力打造這個團隊文化願景時，無論你們實體上是否在一起，都創造了積極的能量和動力；團隊變得比以前更加協調一致了。

反覆給予卻未實踐的承諾最終會侵蝕信任，在我們的私生活中也是如此。你的團隊可能不會給你太多機會，所以你需要謹慎以對。

小結

我們希望你思考怎麼做，對你和團隊來說才有用。我們可以肯定地說，如果你完成這項工作並應用接下來兩章中的觀點，你的團隊文化就會有所轉變並得到改善，而這些努力也會帶來許多好事。

而且……

你必須記住，你是在以更大的組織作為背景脈絡下，進行這項工作的。在整個組織中分享你的成功，相信我們，它會得到正面的關注，但不要自鳴得意或自我吹噓。用你的成功經驗來傳播訊息和那些對你有效的工作方法，來為組織創造更大的價值。

遠端工作和混合型工作的型態往往會造成一種孤立的局面，也就是「核心」團隊（和你有立即交流的同事）連結緊密，他們都知道發生什麼事；但其他團隊或其他地點的人，卻對你的團隊現在是什麼情況一無所知。

其他人進行他們自己的改變所需要的概念性驗證，可以從你身上看見。分享你的成功能夠真正提高你和團隊努力的能見度，激勵其他人，無論他們身在何處。當你分享你的經驗時，你將引領人們走向更光明的未來——無論你今天的職稱是什麼。

Chapter 10.
為團隊文化注入活力

　　凱芮和她的團隊為自己的團隊制定了文化願景，他們感到很興奮，因為這與整個組織所制定的願景一致。他們因此倍感激勵和振奮，但不太確定如何從現在的位置邁向理想的未來。打造願景很容易，但現在該是開始實現的時候了；他們充滿動力，卻不知道如何開始。

　　儘管打造願景的過程也許不容易（尤其是在詞語上達成一致），但它很可能還是相當令人振奮的。事實上，如果你一路都參與其中，可是等到團隊有了一個文化願景之後，你和團隊卻不為此感到興奮，就表示這個願景的陳述很可能出了什麼問題。要是你們共同創造的未來無法為你帶來活力和熱情，那麼實現目標的機會就很渺茫。

　　本章接下來的所有內容，都是建立在假設你已經有了一份人們認為是理想團隊文化陳述的基礎上——一份對他們希望置身其中，並在其中茁壯成長之工作環境的描述。一旦有了這樣的願

景和陳述,眞正的努力才剛開始。

將願景轉變為現實

　　請記住,團隊文化並不屬於組織或管理者,而是屬於每一個人,因此每個人都有責任將其付諸實踐。畢竟,既然團隊文化是「我們在這裡做事的方式」,而在每個人現在都在做事的情況下,其中一些做事的方式就會爲了實現你們的團隊文化願景,而需要有所改變。基本上,我們在這裡討論的是變革的努力,但不用擔心,我們不會深入討論對模式的更動或深奧的思想;我們會實事求是地討論需要做的事情,以及每個人如何發揮作用。

　　本章討論的所有內容皆適用於大文化和微文化,因爲它們都是文化——都是關於「我們的做事方式」。請根據你的實際情況,來運用這些建議。

為你的團隊文化提供滋養的組成要素

　　這些要素會幫助你將精彩的陳述轉化爲日常行動:

- **行為**。定義並描述出團隊文化是每個人眞正定期執行的事項;但若要實現我們的崇高目標,我們需要哪些行為?

- **期望**。我們對彼此的期望也定義並強化了團隊文化。捫心自問：我們所期望的文化，意味著我們對彼此的期望是什麼？當我們一起工作或獨立作業時，對彼此的期望是否會有所不同？

- **技能**。如果你所期望的團隊文化與現在的情況相距甚遠，那麼人們需要具備哪些技能，才能實現你期望的未來？我們如何才能互相幫助，以培養這些技能？

- **協議**。協議為日常行動提供了一個框架，它們可以建立和鞏固責任感，以回答重要的問題：你們將如何相互對待和互動？如果我們是遠距團隊，我們該在何時以及如何溝通？我們怎麼應對跨多個時區的同步和非同步溝通？凱芮和她的同事可能會同意定期以非同步的方式提供最新消息，以減少會議次數。使用聊天群組作為電子日誌的團隊，可以讓每個人不受時區限制地隨時了解情況；當他們因為靈活性而不受限於「正常」的上班時間時，也不會被影響。

- **決策**。每個人，尤其是領導者所做的大小決策，都是團隊文化的支柱。我們如何透過我們的理想文化，來做出正確的決策？

- **衡量**。衡量重要措施的進展和成功與否十分重要。我們要

如何知道自己目前的進度，以及什麼時候才算達成目標？

這些要素是相互關聯且相輔相成的，但我們將分別探討每一項內容，以便從你現有的團隊文化，實際轉變爲你所期望的文化。雖然這些步驟對於任何文化轉型來說都相同，但每一步都有獨特的挑戰，以及我們必須針對遠距工作的情況予以考慮的具體細微差異。

雖然我們不知道你的理想文化陳述是什麼，但我們會嘗試在每個步驟中舉例說明你會認可的文化，甚至可能與你正在努力打造的文化相符。

界定新文化的行為

如果我們的理想團隊文化是我們想要去的地方，那麼讓我們知道自己是否到達的指標，就是行為。我們必須將光鮮的陳述轉化爲行動，就從下列問題開始：

- 我們的團隊文化在現實中會是怎樣？
- 當我們以實體上來說不在一起時，這種文化將如何發展？
- 若要讓此團隊文化成為我們的現實，我們所有人需要做些什麼？

● 我個人需要做些什麼？

對這些問題進行腦力激盪，並記錄具體的想法，這就是將出色的點子轉化為行動的開始。你可以透過傳統的腦力激盪會議來實現這一點——無論是當面討論還是透過會議平台——但我們建議你以混合的方式進行。向個人提出問題、讓他們思考自己的答案，在進行同步對話之前盡可能具體。由於具體性和明確性實在太重要了，所以我們不能把這些重點留到性質像是瞬間爆發的爆米花一樣的腦力激盪會議上進行。因為在這種情況下，成員們要不是尚未做好準備，就是沒有機會冷靜思考。

儘管你希望大家思考更個人化的問題（我個人需要做些什麼？），但也要讓他們知道，如果他們不願意，就不必與小組分享他們對此問題的所有答案。這樣的問題可能會讓人產生防衛心理，對整個過程沒有幫助。

比方說，你的理想文化所期待或要求的，是在整個團隊中建立高度的信任。但如果你開始談到你們需要展現出來的信任行為，很多人會覺得他們明明就已經在做了，而且可能也的確有做到——雖然真的只是有時候！文化的構成並不是來自我們都處於最佳狀態的時候，而是源自我們日常個人的所作所為。為了克服任何可能的防衛心理，事先談論這一點是很重要的。事實上，如

果我們去模擬我們想要的行為，即使只是有時候做到而已，就會帶給我們希望，去實現我們想要的團隊文化。

我們的目標是在不考慮職位或層級的情況下，建立完整的理想行為清單。這份清單可能包含積極主動、透明度和富有挑戰性且令人敬佩的想法等內容。每個人都是團隊文化的創造者，雖然主管或高階領導者也會有自己的觀點，但他們不應該首先被納入考慮，也不應該佔有額外的份量。一旦有了這份清單，就算只是草稿，你就可以開始著手處理其他要素。

得以強化新團隊文化的期待

明確的期望與工作的成功之間的關係，再怎麼強調都不為過。在遠距工作的世界裡，對期望的需求甚至變得更加重要，這就是我們會在第十一章特別討論的原因。雖然我們將把設定期望的細節留待該章說明，但這裡還是有一些具體事項需要釐清。

期望的重點通常是在：

- 領導者對團隊成員有何期待？
- 成功交付工作的定義為何？

儘管這兩點都很重要，但它們並非是對工作期望「可能是

什麼」、或「需要是什麼」的全面理解或描述。雖然核心工作的成功與否是由期望所定義的，但爲了支持和打造我們想要的團隊文化，我們必須把「我們將如何實現這種文化」納入該成功的一部分。

舉例來說，如果你的新文化強調的是強而有力的關係，這對個人來說意味著什麼？你會需要針對這一點進行討論，然後設定有關如何在團隊內建立和維持這些關係的期望。這在很大程度上屬於明確期望的範疇。到同事的辦公桌旁一起喝杯咖啡休息一下可以嗎？或者是來一段虛擬午茶時光？你是否應該與每個人建立關係，而不僅僅是那些跟你的合作關係最密切、或和你同一天進辦公室的人呢？你需要將這些良好關係延伸到多遠？上述關係應該包括我們的內部客戶和供應商，還是只在我們的核心團隊裡就夠了？

在定義和理解期望方面，每個人都扮演著自己的角色——而不只是領導者的責任而已。做好這一點會產生許多正面的結果，包括幫助團隊更快朝著理想的文化邁進。

爲新文化注入活力所需的技能

既然團隊文化終究與我們的所作所爲有關，那麼一個自然

而然的問題就是：我們有能力全部做到嗎？在打造理想文化的過程中，也許最容易被低估的要素就是了解所需的技能，並確保每個人都具備。如果你的團隊文化要求成員具備靈活和敏捷的能力，那麼他們就必須知道這意味著什麼（行為）以及如何實現。根據他們的經驗，他們可能不習慣在沒有明確批准的情況下採取行動。只是知道某件事和有能力應用該知識之間是有差距的，這就是技能的作用。

　　根據我們與客戶合作的經驗，一旦團隊文化已然確立，你所能採取的最有力行動之一，就是確定成員需要哪些技能來實現理想的團隊文化。有些技能差距可能會在這時候顯現出來，也許這些差距是技術性的──例如如何使用會議平台上一些被低估的功能來提高參與度；或是如何善用人際交往技能，像是傾聽和溝通，無論是面對面還是透過網路攝影機。

　　假設你的團隊文化重視的是開放式溝通好了。我們都建立過關係，也知道對關係而言，信任和透明是必要的。對分散式團隊來說，能夠展現這些價值觀的一些技能，可能是使用網路攝影機進行一對一的對話，或運用合作工具參與高價值的討論。（你比我們更了解你的團隊，這些都只是舉例而已。）哪些共同的技能組合，能夠幫助你更快且更具永續性地實現你理想的團隊文化？

　　這些技能的培養也許會很密集，可能需要花費一些時間；但更有可能只要教大家怎麼使用「模糊背景」按鈕或背景視覺效果就好，這樣其他成員就看不到他們亂七八糟的家。

　　並不是每個人都喜歡用這種方式記錄自己的想法。雖然像Microsoft Teams之類的工具對一些人來說可能很直覺，但對其他人來說卻令人生畏或很難上手。許多人需要接受能夠有效使用這些工具的培訓，內容可能包括工作輔助工具和提醒、同儕輔導，甚至軟體的實際培訓課程。

　　你可以將你的團隊文化陳述，轉化為大文化和微文化的技能清單。在大文化的層面，我們建議讓培訓或學習與發展（Learning and Development，L&D）的專業人員參與其中；他們可以協助你提出正確的問題並建立技能清單。而在微文化的層面，則可以由團隊自己來建立該清單，或是讓培訓、學習或人力資源部門的人員伸出援手。獲得這類的協助可能可以為你節省時間，也或許會讓你對結果更有信心，但會需要這種外部的視角，還有另一個重要原因。

　　列出所需的技能清單固然很好，但你要如何培養這些技能？在進行此作業時，跟學習專家一起合作，讓他們更能貢獻專長。他們可以協助你確定如何在整個團隊或組織中培養這些技能。

　　作為一個以領導力和學習為主的機構，凱文・艾肯貝瑞集團長期以來一直致力於為個人和組織設計並打造學習工具及體驗。只要瀏覽一下我們的網站，你就會知道我們提供同步和非同步的學習選項，以及從數位學習到各種虛擬和面對面學習的方法。儘管上述一切在協助你培養支撐團隊文化所需的技能上，可能都佔有一席之地，但我們相信同步的學習體驗以及在情況允許時所進行的面對面學習，能為你帶來更多益處。每個團隊的正確答案，都是能夠滿足其特定需求的混合型方案。選擇對你最有效的方式。

　　在與一群人同時進行技能培訓的任何情況下，每個人的需求皆不盡相同。根據經驗、機會和知識的不同，有些人的技能差距會比其他人更大。當技能差距有所差異時，為特定個人提供更具針對性的技能培訓是合理的。無論團隊成員的職責或經驗，在為了支持團隊文化而培養整個團隊的一或多項技能時，還有一個重要因素需要考慮。

　　當你把大家聚集成一個團隊一起學習單項或多項技能、而且是在支持團隊文化的背景下這樣做時，奇蹟就會發生。請記住，一起並不見得是指在同一個房間裡同時進行（儘管不要忽視這種方式的力量）。虛擬講師指導培訓（Virtual Instructor Led Trainings，VILT）創造了與傳統課堂教學類似的社交學習機會，

儘管它無法像傳統講座一樣提供與會點心。

是的，你有機會改善你的工作情況，但也有機會建立戰友情誼、信任和關係，同時更大範圍地鞏固你們的團隊和文化。將大家聚集起來（當然，如果可能的話，我們指的是面對面），為了強化團隊文化而培養並共同學習這些技能，就得以將整個團隊團結在一起。

你可能會使用多種方法──包括集體的，也包括個人的培訓──來養成團隊的技能，這是明智之舉。角色扮演可以利用網路攝影機和Zoom或Microsoft Teams的分組討論，前置準備和「思考時間」則能夠隨時在人們所在處進行；這樣當他們同時聚集時，就可以開始了。不要低估讓一個團隊一起學習所需技能，並同時打造團隊文化所能帶來的力量和衝勁。

為團隊的新文化建立責任感的協議

如果約翰說（甚至只是在想）：「看看珊蒂在做什麼，這不是我們討論過的團隊文化。」那麼發生的可能是以下幾種情況：

- 約翰或許是對的，但即使他是錯的，他顯然也是在質疑珊蒂的意圖。

- 信任度降低了。
- 衝突──以及團隊文化走回頭路──的機會增加了。

　　而且，人們會思考、質疑或假設的事情還不只這些。如果你擁有的是一個混合型團隊，那麼在辦公室或同天進辦公室的人之間也許會形成小團體。這些人可能沒有惡意，事實上，他們或許會因為這樣的關係而有更高的參與度；但那些被排除在外的人又作何感想？如果你在學校時曾經被「排擠」於小團體或小組之外，你就知道答案了。

　　我們將協議視為群體的共同期望。它們可以協助你減少誤解、釐清意圖；最重要的是，為你理想團隊文化中的每一分子創造出共同責任感，並形成正向的同儕壓力。

　　在第十二章中，我們將詳細介紹如何建立這些協議，以及如何讓它們加速實現你所期望的團隊文化。

讓新文化更臻完美的決策

　　雖然團隊中的每個人都會有做決定的時候，但這部分要素主要還是集中在領導者身上，因為他們所做出的決策，往往對整個團隊的影響更重大也更關鍵。倘若團隊看到某個決策（及其影

響）與期望的文化相衝突，就會對團隊文化的進展產生嚴重的打擊。無論這些決策是策略性的還是短期戰術性的，團隊都會就其對文化的影響，仔細檢視每項決策。

而且，重要的不只是決策本身而已，決策如何達成的方式也是關鍵。人們會審視決策和決策過程，並推論領導者的意圖（無論正確與否）。這一直都是事實，但只要所有人一起就合作方式達成共識了，各個層級的領導者就必須確保每個人都依據新的團隊文化來行事。

在遠距工作的情況下，這一點會更加明顯；如果做錯了，後果則會悲劇得多。即使是在「很久很久以前」，只要「公司」做出決策，辦公室裡那些接觸得到領導者、也對其更加信任的人對該決定的接受程度，往往比在組織其他地方的人要來得高。這種情況在大文化中依然存在（儘管現在可能更加複雜），但對於混合型團隊的微文化來說，坐辦公室（或經常在辦公室）的人和不在辦公室的人之間，也上演著同樣的場景。

我們的意思並不是要操弄溝通，或是只看決策的表象而已；我們建議的是以團隊文化的角度來達成決策。應該提出的的基本問題是：

從我們期望的文化角度來看，什麼才是正確的決定？

這聽起來很不錯，像是一個有條有理的解決方案；但在現

實世界中,決策往往是複雜的。有時,一個單一決策就會產生多重影響。根據我們的經驗,若首先以團隊文化的角度來看待決策,就能夠達成更出色的長期決策,並創造一種與團隊文化意涵一致的決策傳達方式,更允許以文化意涵為題進行對話──公開決策可以維持和提高信任度。

雖然我們一開始就說這部分要素比較是針對領導者的,但其他人也不能例外。當我們所有人在決定該做什麼、如何對待他人等等的時候,只要思考這個問題:**當我們具體想到我們所期望的團隊文化時,應該做出什麼樣的決定才是正確的?**我們就會朝著正確的方向前進。

追蹤進度與成效的方法

「可以衡量的事情才有辦法完成」的老說法雖然是過於簡化,但在這裡卻很貼切。你現在的情況是:你已經有一種團隊文化了,還有另一種是你期望的文化。那你應該如何衡量現狀,又怎麼知道你在何時已經達成目標了呢?

這個問題最常見的答案就是員工參與度調查;毫無疑問,它的確可以成為這個流程的一部分。如果你手邊有你的組織已經在使用的調查工具的話最好;但倘若你還能再微調或修改一下,

提出幾個問題來衡量實現新文化願景的進展情況，那就更好了。
如果你正在用的是可以直接使用的工具，請確保它能讓你清楚地
評估文化願景實現的進度。如果沒辦法，那麼現在就應該與你的
評估供應商或提供者溝通，以做出必要的調整或增加必要的問
題。如果他們不願意提供協助，那就新增一個附錄，或是換個新
的合作夥伴。

　　大多數此類工具都允許你分析資料，以了解各個團隊（和
領導者）在這些層面的表現。如果評估與你的目標一致，你就可
以衡量大文化和微文化的狀況。由於每次評估都只是先看到整體
狀況而已，因此你會需要實行一個持續的衡量流程，以幫助你了
解進展。

　　如果你在審視自己的微文化時，要嘛沒有進行組織性的評
估，要嘛評估結果不盡人意的話，該怎麼辦？要是這樣，你可以
尋找其他衡量進展的方式，以下是一些可以考慮的建議：

- 讓團隊在公開對話中進行評估。
- 請內部（人力資源／組織發展／學習與發展）資源或外部
  顧問／合作夥伴進行焦點團體或量身打造的匿名調查。
- 在離職和留職面談中，加入有關團隊文化進展的問題。
- 在團隊會議、一對一會談或正式的績效管理面談中，提出
  有關團隊文化進展的問題。

　　你也許會想使用一種以上的方式（或你確定的其他方法）來持續評估你的進度。並不是每個人都會有相同的感受，情緒和經驗也會隨著時間的推移而變化（特定的成功或失敗，可能會在某個既定時刻左右想法），這就是我們需要不斷詢問的原因。

　　團隊文化是不斷演變的，我們必須以正式和非正式的方式，繼續評估進展。

小結

　　你如何知道自己已經實現了理想的團隊文化？當然，這些衡量會有所幫助。而且，當你在打造一個真正理想的文化時，你可能永遠無法完美達成（這也沒關係）。但是，當人們開始質疑你為什麼會把它叫做「新文化」，並建議你乾脆直接用「我們的文化」來稱呼它的時候，你就知道你已經接近目標了。儘管這始終是一個過程，但當團隊成員將新文化視為常態、明確了解新文化的意義，並對彼此抱有期望時，你就該為自己的進展感到雀躍。利用本章概述的各個要素，將能協助你們早日實現目標。

Part **5.**

應用核心原則

你會希望你的工具箱裡有更多工具，來幫助你支持、維護和培育你所打造的團隊和文化。這些工具並不新穎，但我們經常看到它們沒有被充分利用，甚至被誤用。當你和團隊學會如何應用這些工具時，你將能夠維護你所設計的成果，同時也得以針對周圍不斷變化的狀況，進行適應和調整。

Chapter 11.

應用期望的力量

莎拉是一名中階主管,她對強化和實踐團隊所構思的微文化感到非常興奮。她知道每個人都希望做出調整,但也明白這需要每個人改變自己的行為。她想知道,她和整個團隊該如何找到方法,提醒彼此去做他們聲稱自己想要做的事?她問:有沒有什麼方法,可以利用現有的、大家也都熟悉的工具來進行?

當然了,莎拉。

答案很簡單,經過精心選擇和設定的期望就是一個重要的工具,可以讓構成你理想團隊文化的行為變得更加穩固。儘管我們每個人都熟悉**期望**這個詞,也都有一些設定和運用期望的經驗,但對於像莎拉這樣的領導者和他們團隊中的每個人來說,要想充分發揮期望的價值的所有潛力,我們還有很多工作要做。

傳統上,人們一提到在工作上的期望,就會想到主管(例如莎拉)對其直屬下屬的期望。這些期望雖然非常重要,但也不是唯一重要的期望。首先,期望是雙向的;因此,儘管莎拉理所

當然地需要對團隊成員抱有期望，但團隊成員也同樣對她寄予期望。無論是在一般情況下，還是在具體的專案或情況中，團隊成員之間的期望都應該納入考量。

為何期望舉足輕重

期望在任何情境下都決定著成功。一旦我們知道了他人對我們的期望，我們就會了解卓越的界線或標準在哪裡，但這還不夠。對雙方來說，期望都必須是明確的。身為領導者，你知道自己的期望是一回事，但要是團隊成員不清楚或有不同的理解，期望的力量就會消失。最後，一旦期望已經確定，而且雙方都很清楚，就變成還有信念的問題要考慮。人們是否相信自己能夠達成這項期望？

回想一下當你擔任某個角色或從事某項工作時，你確信自己理解並同意老闆對你的期望。設想當時的情景（也許就是現在的情況──如果是的話，恭喜你），你會注意到……

- **你更有自信了。** 即使你還不相信自己可以達成期望，但當你很清楚、也能集中精神去實現它的時候，你的自信心就會提升（而隨著自信心的提升，你就更有可能達成期望）。

- **你會搏得更多的信任**。與他人一起建立明確期望的過程，會需要並創造出更多信任。當我們與老闆共同經歷這一點時，就會倍感珍貴。

- **工作場所的衝突和挫折減少了**。我們的文獻回顧顯示，不明確的角色和期望，總被認為是工作場所產生衝突的原因。在我們的個人工作中，我們認為這是最普遍的因素。即使你和你上司之間的期望不符尚未演變成衝突，你們雙方也會體驗到一般會有的挫敗感。

- **修改工作的情形減少了**。你是否有過這樣的經驗：你把東西交給某人，以為這正是他們所需要的，結果卻被告知你需要調整／修改／重做？如果有過的話，你就會知道假使一開始雙方的期望就很明確，你就不需要再修改什麼了。

- **微觀管理[6]減少了**。毫無疑問的是，很多領導者都會進行微觀管理。當他們相信員工知道自己想要什麼時，他們就不太可能需要不斷查看；而當員工信任他們的經理時，他們之間的互動就比較不像是微觀管理。

6　譯注：微觀管理（micromanagement）指的是一種商業管理風格，微觀管理者會密切觀察、操控並審核被管理者所進行的每個作業步驟及細節，促使被管理者達成管理者所指定的工作。

請在這份令人印象深刻的清單中再加上一句話：當期望明確時，你會得到更好的成果。

期望如何驅動團隊文化

你可以從前面的清單證明，設定明確的期望是良好的管理／領導實踐（確實如此）。但請從團隊文化的角度再看一次。無論你對未來團隊文化的願景是什麼，我們相信其中不會有更多的衝突、更多的重工、更多的挫折和更多的微觀管理。這些都不是人們想要的工作環境。

但是，期望與團隊文化之間的連結還不只如此。無論對工作的期望有多高，無論這些期望有多明確，它們都會向每個人傳達一個訊息，那就是在這裡，大家所期待的是什麼——這意味著它們是現有文化所反映出來的鏡像。當我們在打造與新團隊文化相符合的新期望時，我們就是在強化並有意識地思考打造新文化的日常活動和方法。

期望的面向

相信在你閱讀文章的過程中，你至少已經思考過期望拼圖

的一個部分了。實際上，爲了打造理想文化並反映出遠距工作環境更複雜的本質，我們需要考慮三種類型的期望，它們是工作的「是什麼、爲了什麼，以及如何去做」。

工作「是什麼」

說到期望，我們通常會想到工作成果的品質，以及工作的時間安排及交付方式，換句話說，就是工作的具體內容和工作描述的細節。這些期望是工作成功的基礎，也是領導者必須能夠做到的。我們有很多故事可以證明，雖然這是一項基礎技能，但許多領導者根本做不好。諷刺的是，儘管我們之中的許多人在談論期望時都會想到這一點，但在我們的團隊文化討論中，任務描述終究是最不重要的。

工作是「為了什麼」

爲什麼要進行這項工作？是誰出於什麼目的來使用這些成果？「爲了什麼」的期望爲工作提供了背景脈絡和意義，幫助人們利用自己的判斷和經驗提供更好的成果。你是否曾被要求在沒有這種背景脈絡的情況下完成一項任務？你也許會完成，但除了

個人的成就感之外，你可能對任務沒有什麼投入。但是，假使你知道領導者會如何運用你所做的工作，而且你也了解並關心領導者，一切就會不一樣。「爲了什麼」的期望對你理想的團隊文化來說非常重要，因爲我們可以假設團隊文化在意人際關係。此外，如果你是遠距工作、也不知道爲了什麼工作，或者你不太了解領導者，那麼你很可能只會把自己的工作看作是你個人的工作而已，不會認爲自己是更大團隊的一部分。

工作「如何去做」

「如何去做」的期望，正中的是團隊文化的紅心。人們是否知道對於溝通、合作和團結（三個C）的期望？人們是否清楚了解並討論了工作的步驟和流程？這些期望與團隊文化相符嗎？如果不一致，就需要重新評估並重新設定。在遠距工作的情況下，這些考慮因素比以往任何時候都更加重要，因爲人們透過觀察來了解情況的線索更少了。

身爲領導者，你必須善於設定和管理這三個面向的期望。即使你過去在這方面做得很好，但世事難料。比方說你得到一個新系統，在你精心設計的工作流程中省去了幾步；或是某項新規定增加了一個步驟，讓作業速度稍微慢了下來。隨著工作環境、

團隊設計和理想文化的變化，你需要重新審視和確認期望。

如何設定期望

設定明確的期望需要遵循的流程非常簡單，但每個步驟都有危險。

1. **自己先弄清楚**。在跟他人一起設定期望之前，你自己必須能夠先弄清楚。這聽起來理所當然，但你腦海中浮現的很少是已經夠清楚的內容。思考每一種期望，寫下你真正希望在工作中看到什麼；寫下來會使你最初的想法更加清晰。

2. **說出來**。想法是模糊的，而言語則能帶來清晰。把你寫下的想法說出來。不要只是把它唸出來而已，而是向你的朋友、配偶或寵物解釋；注意你是如何進一步釐清你的意思的。問問聽眾（除非是你的狗）你的解釋對他們來說是否清楚，或者他們有什麼問題。雖然他們並不了解完整的背景脈絡，但他們很可能會協助你進一步澄清你的意思，並讓你練習如何分享你的想法。

3. **與你理想的團隊文化相連結**。檢查你已經釐清過的清單，看看你是否在所有三個面向都有期望，然後問問自己，這

些期望是否與理想的文化一致並且能夠予以支持？如果不一致，請進行調整，直到符合爲止。

4. **區分願望和需求**。有些期望是你需要的，有些則是你想要的。記住，這兩者是不同的，你需要知道其中的差異。了解兩者有何不同並以需求爲導向，會讓你達成最好的結果。

5. **安排時間進行對話**。安排時間與對方談談這些期望。讓他們知道談話的目的，並鼓勵他們事先準備。如果你是混合型團隊的一員，談話可以在雙方都在辦公室的時候進行。假使無法這樣做或者時間緊迫的話，就使用網路攝影機單獨進行這些對話，以提高溝通的豐富性。鼓勵他們提出對你的期望，並明確表示你希望從他們那裡了解什麼。

6. **進行一次真正的對話**。誠實的雙向溝通對於你的成功來說非常關鍵。一場真正的對話不應由一方或另一方主導。身爲領導者，風險在於你可能會說得太多、分享得太快、並主導整場對話──無論這是否爲你的本意。開始時請先提出問題，讓對方開口說話，設法讓這次對話盡可能地平等。如果可以的話，請進行面對面的會談；要是沒有辦法，也請一定用網路攝影機來交流，因爲豐富性能夠增加信任和理解。在這次對話的過程中，請確保你會：

▶ **分享實例**。沒有實例，就很難建立真正的理解和共識。在談論期望時，舉出現實生活中的例子，說明成功是什麼樣子，不成功又是什麼樣子。

▶ **向雙方確認期望**。請記住，這不僅是你對他們的期望，也是他們對你的要求和需求；確保你們兩人都研究了對方準備的清單。不要低估不同時區對安排此次會談所造成的影響。對你來說，適合的時機可能是對方正在想著接孩子放學或準備晚餐的時刻。如果這真的很重要，那就找個讓每個人都能把注意力集中在重要事情上的時間。

▶ **一起從團隊文化的角度思考**。記住你們做這項練習的原因之一，是為了打造和支持你們的團隊文化。一起看看你們同意的期望，並問：如果我們做到了這些，是不是會更接近我們理想的文化？

▶ **檢查是否已經理解**。光把清單看完是不夠的。你的某位團隊成員點頭，並不一定意味著他已經了解。花點時間確保你們雙方都有共同的理解。我們一開始就說過，你們必須先清楚知道自己的期望。確保對方也同樣清楚，這樣就有了結論，並創造出你想要的結果。

7. **建立協議**。「我了解期望是什麼」和「我承諾做到」並不相同。最終我們會希望它成真的，是第二種說法。

期望是互相的

請記住，雖然你可能會主動提出對話，但你的團隊成員甚至可能還在尋求你的指導和澄清。你也需要了解他們的期望是什麼。確保你們雙方都認識到，你們目標在於為雙方創造相互明確的期望。

目標是理解和達成共識

我們的目標，是確保團隊中的每一個人對期望都有清楚的了解。然而，就像我們日常交流中的大多數情況一樣，我們過於關注自己所說的話，卻不夠在意對方是否理解。強調幾次都不嫌多，「嗯，我告訴過他們」這句話並不意味著你們已經達成了理解和共識。除非每個人都了解這些期望，否則它們的力量就會大打折扣。而一旦達成理解，雙方就必須針對這些期望達成一致的意見。你可能不喜歡其中一個期望，但如果你理解了它，就會更願意並能夠同意它。在成功的共同定義上，你們達成了一致。正是因為大家都同意朝著這些期望前進，才創造出成功，並定義了團隊文化。倘若我們讓它們符合理想的文化，就是朝著理想的未來邁出了重要的一步。

不要停下來

這看起來可能是一項繁重的工作。你必須釐清你自己的期望，並與每個人進行對話。如果你是一個有十位團隊成員的領導者，你需要花費的時間看起來可能會很可怕。但請將此視為一項投資——隨著我們前面提到的所有面向有所改善，這項時間的投資就會得到回報。在達成一致後，這些期望將成為你提供輔導和支持的基礎。隨著世界和工作的持續變化，你也許會需要調整這些期望。然而，只要你一開始將它們設定好，就會像物體在運動狀態中的動能一樣，保持一致和理解將容易得多。

團隊成員之間的期望

你剛才讀到的所有內容，都是從領導者對團隊成員的角度來寫的，因為這是大多數人思考這些對話的方式。然而，這也同樣適用於同事之間的期望設定。在這裡，我們對於明確性和達成一致期望的需求，與你打造一個人們願意工作並能取得成功的團隊和文化一樣重要。

與同事一起設定期望的過程與你剛才讀到的大致相同。然而，主管對同事與同事對同事之間的期望，有兩個重要的區別。

同事和主管之間存在著權力差異，但同樣是面對同事，則沒有這種不同。讓我們承認吧，除了對我們的老闆之外，我們通常不會考慮這些權力或地位上的相異之處。

　　當領導者給予個人進行這些對話的自由、技能和期望時，整個組織中的期望就會更加清晰。

小結

　　明確的工作期望不僅涉及工作本身，也適用於每一個人。當我們把期望設定的範圍擴大到領導者之外的角色和團隊成員，來討論他們自己對工作環境的要求和需求時，我們就創造了一種新的動能。

　　了解彈性工作如何影響混合型團隊中「即時」溝通和非同步資訊的平衡，有助於減少沒完沒了的網路會議。商定何時可以使用電子郵件取代會議，對團隊如何分享資訊和進行合作有著長遠的影響。在創造新的工作和聯絡方式時，不要低估時間和地點這兩個因素的作用。

　　雖然期望本身是打造新團隊文化的基礎，但團隊成員之間形塑期望的開放過程也是一種強而有力的轉變；掌握這個過程，將永遠對你的團隊文化產生積極的改變。

Chapter 12.
建立團隊協議

　　阿赫邁德與他的團隊一起打造了一個文化願景。團隊似乎都同意了。該願景彷彿很清晰，他也調整了對個別團隊成員的期望，使其與新願景保持一致——但他感覺還少了什麼。團隊的進展不如他所希望的那樣迅速，新團隊文化最初的動能和活力也正在減弱，他擔心許多辛苦的努力可能付諸流水。事實上，團隊遠距工作的事實似乎讓情況變得更糟。他不知道自己做錯了什麼，也不知道自己還能做些什麼，來幫助團隊邁向他們共同打造的文化。

　　從各方面來看，阿赫邁德和他的團隊做對了很多事情。請記住，設計團隊並改善團隊文化就是在進行變革管理，因此可能會很困難，進展也許斷斷續續。但即使你已經認可這一點，還是可能少了什麼。

　　即使阿赫邁德（或你）按照我們的流程，真正參與並致力於你們所構思的未來，但你還是領導者——人們可能仍然會將其

視爲你個人的願景，也是你的心血結晶。成員也許會感覺他們個人擁有這個成果，但在與身爲領導者的你的對話和互動之外，他們卻感到無能爲力。

在這裡缺少的是什麼？

是同儕壓力。

雖然我們經常把同儕壓力與負面的東西連結在一起（你的父母有沒有問過：「如果別人都走在懸崖邊，那你也要走嗎？」），但它也可以是一種積極的力量。如果團隊已經就文化願景達成一致（儘管我們知道有些成員可能比其他人更持保留態度），那麼正面的同儕壓力，就會把「以不同方式來做事」的這件事本身，**變得很酷又令人期待**。

因此，我們的還需要用上工具箱裡的另一個工具 —— 團隊協議。這些協議可以減少衝突，提高和諧度和工作效率，也可以用來推動與你們的理想文化相關聯的行爲。

協議與期待

團隊協議是整個團隊期望（目前）的最終版本。我們已經討論過爲什麼人與人之間的期望如此強大，以及如何創造期望。但團隊不僅僅是其各個成員的總和而已。

187

假設喬和吉娜已經釐清了他們的合作方式，蘇和查理也是如此；四人都對他們的老闆阿赫邁德有明確的期望，但他們還沒討論過如何全部一起工作。而這就是團隊協議的作用所在。

我們注意到，當期望對各方來說都很明確且每個人都理解並同意時，期望就會成功。同樣地，團隊協議也是書面的行為聲明，它可以：

- 在整個團隊中建立對行為、流程和互動的共同理解和期望。
- 推動團隊朝著理想文化邁進。
- 讓每位團隊成員都能接受並同意這些期望。

團隊協議為何會有幫助

通常，我們不會與團隊其他成員分享老闆對我們的期望。喬和吉娜之間如何合作對他們本人來說最重要；但他們對彼此的期望，對團隊其他成員來說實際上無足輕重。但此行為和流程也適用於整支團隊。如果你在期望這一步就停下來了，那麼可能達不到最佳的效果。雖然期望很重要，但你可能會錯過更大的問題或刺激因素。

在遠距團隊中，對理想文化的強化所缺少的，或許就是協

議。即使個人的期望已經設定並且十分明確，團隊中的某些互動也可能會出現困難或完全失調。儘管我們相信團隊協議對任何團隊都有強大的力量，但我們相信它對你的遠端團隊、混合型團隊或任何類型的遠距團隊來說，作用會更加強大。

團隊協議所包含的內容

你的團隊協議中可能包含的內容也許會有很大的差異。這取決於團隊的歷史、成熟度、動態、地點和環境，也取決於你目前的團隊文化與你所期望的有多大差距。雖然這不是一份完整的清單，但以下是你和團隊成員可能需要達成一致的一些情況：

- 我們在會議中的互動方式以及所扮演的角色。
- 我們開會的頻率、時間和地點（例如，是召開混合型會議，還是等所有人都到辦公室了再開會？）
- 我們使用哪些通訊工具，以及何時使用（也就是何時使用即時訊息〔IM〕、電子郵件或簡訊？何時打電話和／或留語音信箱？）
- 如果有些人在辦公室、有些人是全職遠距工作的話，我們如何與整個團隊溝通？
- 一致同意的電子郵件或其他通訊回覆時間。

- 我們如何將工作從團隊的一部分移交給另一部分？

- 我們與每個人通訊的內容類型，確保不會有哪個小組感覺自己被排除在外，或者總是最後才聽到消息。

- 誰來清理辦公室的冰箱和洗碗？當辦公室的人專注在處理這些對遠距團隊成員沒有直接影響的問題時，這對團隊中的遠距成員來說意味著什麼？

有幾件事需要注意。請注意會議和溝通問題的普遍存在，因為這些因素會影響整支團隊。而對於其中的一些因素，可能已經存在個人期望，但團隊協議會有所幫助。例如吉娜和蘇西也許已經說好何時發送電子郵件，何時使用即時訊息；但如果她們的一致意見與吉娜和查理的不同，那麼很快我們就會有一個雜亂無章的溝通亂局。如果團隊同意使用即時訊息作為某些溝通的管道，工作就會變得更輕鬆、更清晰和更簡潔。

相信大家都注意到了清單中的最後一項。這只是個暫時拿來頂替的例子而已，我們藉此說明團隊協議可以（也應該）解決導致團隊摩擦和衝突的導火線。當人們為「小事」感到不滿時，就很難建立起良好的團隊文化。如果你的鞋裡曾經跑進小石子，就會明白我們的意思；雖然它很小，但卻可能成為我們唯一關注的事情。當我們專注於遠端團隊時，為什麼要以辦公室茶水間為

例？因為多年來，在我們主持的團隊協議制定會議上，辦公室茶水間的行為幾乎總是榜上有名。在你的遠端或混合型團隊中，可能也有這樣的小事；請確保你不會忽視或避開這些刺激因素。

拿破崙說過：「要避免戰爭，就要避免導致戰爭的成千上萬根小針刺[7]」（To avoid war, yoavoid the thousand little pinpricks that lead to war.）。在遠端團隊中，這些針刺可能微不足道，例如當其他人都在使用網路攝影機時，你卻拒絕使用；或是把電子郵件寄給所有人，而不是在特定的群組聊天中傳送。小事比我們想像的更重要（或更應該重要）。

如何制定正式協議

制定團隊協議在概念上與建立期望並無不同。基本上，

- 每個人都會思考自己對工作的願望和需求。
- 大家一起討論這些願望和需求。
- 大家達成共識，制定滿足這些需求的個人行事和合作方式。

7　譯注：原句是If they want peace, nations should avoid the pin-pricks that precede cannon shots.

但是，與五個人、七個人或十四個人一起做這件事，比只有兩個人一起進行要複雜得多。

這就是爲什麼我們建議整個團隊一起採用結構化的流程來制定協議，具體步驟如下：

1. **介紹團隊期望的必要性和目的**。本章將爲你提供所需的內容。

2. **召開一次啓動會議**。安排一場專門用於此目的的會議，不要有其他搶戲的議程項目。這可能需要不只一場會議和幾次充滿波折的討論，但終究還是得開始。明確說明並期望大家爲參加這次會議做好準備。

3. **事先準備，思考你希望和需要團隊的其他成員做些什麼**。每個人都應該參與這項工作——而不僅僅是領導者或其他可能召集這次會議的人。每個人都該考慮這一點，因爲它與整體生產力和效率以及理想的團隊文化密切相關。換句話說，既要思考工作本身，也要考慮如何完成。個別回答這些問題將有所助益：

   ▶ 是什麼讓我感到沮喪或轉移了我的注意力，使我無法提高工作效率？

   ▶ 我們可以採取哪些不同的方式來幫助大家？

   ▶ 哪些行爲會對人際關係或工作造成阻礙？

▶ 我希望有哪些地方不一樣？

▶ 如果我能揮舞魔法棒，我會改變什麼？

▶ 我們總是抱怨但似乎未曾改變的事情是什麼？（還有如果它們真的改變了，情況會變得有多好？）

4. **找一位中立的主持人一起開會**。我們建議領導者不要主持這次會議；他們應該以團隊成員的身分參加這次會議，而不是作為領導者。委託給外部協調人可以讓每個人都參與其中，並盡量減少層級或職位權力的影響。如果可能的話，請讓所有人都親自參加、或是所有人都虛擬參加會議；在這裡維持一視同仁的環境，對於達成理解和最終協議非常重要。

5. **分享需求**。讓每個人分享他們的前置作業，就從需求開始。請一個人分享他們的其中一項需求，看看其他人是否有類似的內容，然後繼續列出一份完整且不重複的清單。白板或掛圖（實體或虛擬的，虛擬的在你的會議平台上）是不可或缺的。

6. **與團隊文化進行對照**。一旦分享了清單，人們也已經了解需求的話，請將清單與團隊文化進行對照，以確保你所著重的需求與文化願景一致。確保所有協議皆不會與你對理想團隊文化的實踐背道而馳或成為阻礙。

7. **討論願望**。願望與需求不同。願望是偏好，是「如果有的話該有多好」。一旦你有了需求的集體清單，也考慮了團隊文化，請詢問大家是否有任何願望可以供小組思考。

8. **草擬協議**。從清單上選擇一項能引起很多共鳴的項目開始。針對該項目詢問：我們可以同意做些什麼，來實現或消除這一點？在小組討論的過程中，請整理一份敘述，來反映小組正在思考的行為或流程。這可以用下述方式表達：**我們將藉由使用專屬的Slack頻道，來減少收件匣中無意義的電子郵件數量，只納入那些與該主題真正相關的人**。此陳述以「我們」開頭，而且是可以觀察到的行為。這樣做的目的不僅是獲得對行為的認同而已，而是確認如果我們達成了一致的意見，就能解決這個問題或疑慮。繼續梳理你的清單，將每個項目轉化為協議的初稿。

9. **提供思考的時間**。團隊拿到草擬的清單後，請給他們一些思考的時間。假如你在一次會議上就完成了一份草擬清單，請停下來，然後安排後續會議。讓大家有時間檢視清單，並思考四個重要問題：

▶ 如果我們確實履行了這些協議，我們是否會擁有一個更好、更有效的工作環境，與我們所期望的團隊文化相符？

▶ 如果答案是否定的，為什麼？

▶ 我是否能夠接受並同意履行這些協議？

▶ 如果答案是否定的，爲什麼？

10. **最終確定並記錄協議**。在大家有足夠時間對清單進行思考和檢視之後，再次召開會議。在此期間，你可以在即時通訊工具中建立一個頻道，方便小組討論和釐清。這些協議的力量來自每個人對小組的承諾，表示他們將接受並同意這些陳述。爲了獲得這種力量，我們建議召開一次同步會議，無論大家身在何處。逐一檢視每份敘述的草稿，要求每位與會者向小組其他成員宣布他們將接受並同意遵守該敘述。在每個人都這麼做之後，協議就完成了。如果有誰說他們無法「接受並同意」，就必須說明原因。然後，在小組的協助下修改協議，使每位成員都能接受和同意。如果無法達成百分之百的一致意見，就不能將該項目列入清單。

要是你們在某些重要問題上無法達成一致意見怎麼辦？如果你想讓大家都擁有對整個清單的參與感和所有感，就不要太早放棄——因爲明確的內容是值得等待和努力的。假使某事項無法獲得全面一致的意見，而身爲領導者的你又認爲有必要這樣做，你可以把它當成整個團隊的期望，但請盡量避免。領導者的期望

並不像協議的同儕壓力那般有力量。根據我們的經驗，即使需要
一些時間，你的團隊仍然能夠達成有價值的協議。

　　恭喜！在這個階段，你們已經擁有了團隊協議，可以幫助
你們集體實現團隊願景。除此之外，如果你採用的是開放式的流
程，團隊成員很可能會對彼此有更多的理解、認識和信任——對
於團隊成員的需求和情況也有了更廣闊的視角。

　　想要更多例子嗎？儘管團隊協議應該是專屬於你們團隊
的，但其中的陳述應該簡潔扼要，並且對每個人來說都很清
楚。畢竟，我們無法同意自己不理解的事物。若有需要，我們
在 https://longdistanceteambook.com/ 提供了一些範例，希望有幫
助。

打造結果

　　在大多數情況下，與這些團隊協議相關的可能結果有兩種
類型：正面的結果和負面的結果。

　　團隊成員們履行這些協議的正面後果是顯而易見的——你
們將在意料之中朝著理想的團隊文化邁進，同時工作場所的衝突
也會減少。但如果大家不遵守協議呢？

　　你的協議很可能需要每個人至少稍微改變他們的方法和習慣，也需要偶爾被提醒。如果每個人都在同一條船上，大家可能會在各自適應協議的過程中給予彼此一些寬容。要是有人需要一些技能來履行協議，團隊也許也會給予協助。但是，倘若有人總是無法達成呢？

　　假設你們團隊每次開會時都會檢視行動項目，而**我們同意按時完成預期的行動項目**是你們的協議之一。例如汪達第一次錯過截止日期，她也許會有一個合理的理由，團隊也或許會接受。但若到第二次會議她的進度仍然落後、卻也知道自己不得不向整個團隊報告的話，她就很有可能會設法努力，讓自己得以在那次會議上驕傲地宣布「任務完成」。

　　如果適當的同儕壓力還不夠，領導者可以將此視爲一次輔導的機會。這些協議應被視爲員工工作績效的一部分，而不是「加分題」。如果汪達在她的核心工作方面表現出色，但卻無法履行這些協議，那麼這就是一個眞正的績效問題，也應該作爲績效問題予以處理（並對其進行輔導）。請記住──團隊文化是工作的一部分，屬於每一個人。

小結

　　我們可以隨意使用**協議**這個詞，但我們在這裡討論到的是一些具體的內容——整個團隊的協議。當你投入時間來建立這些協議時，就是為實現你們想要的團隊文化奠定了基礎，並幫助每個人，包括那些遠端工作的人，感覺自己是團隊真正的一分子。

Chapter 13.
打造參與感

　　李認為一切都很好。她和團隊煞費苦心地評估了他們的工作方式，並制定好一份每個人——至少看起來是每個人——都接受的設計計畫。團隊的目標是讓工作變得有趣、不拘謹，成員對彼此也有高度的信任。但在過去幾個星期裡，她在與團隊成員的一對一談話中發現了一些問題。對隊友的抱怨增加了，需要重工的情況也比以前多，這讓工作流程變得緩慢。是她對團隊承諾的判斷有誤，還是團隊文化正在發生變化？

　　文化永遠在不斷地演變，因為人們持續在改變。有些人在新的結構中茁壯成長，有些人卻感到挫折。個別的貢獻者離開，新人則帶著新的想法加入。一個原本每天都開心地走進辦公室的人，現在卻因為通勤而感到疲憊和壓力，希望改變自己的協議。也許有人正在與自己的某個隊友爭執不清。每個參與專案的人都覺得進展緩慢，於是有人決定：「寧願事後請求原諒，也不要事前獲得許可。」

團隊文化的目標是讓它沿著你所期望的方向發展，而不是任其自生自滅。要做到這一點，領導者和個別團隊成員都必須專注於正在發生的事情，並選擇以支持這個願景的方式行事。他們需要相信這些理想的目標，並選擇以支持它的方式來行動。

換句話說，他們需要參與其中。

讓李和像她這樣的領導者感到沮喪的是，組織、高階領導者和團隊主管能做的事情是有限的。真正的參與在於個人。

想像一下這個比較個人的例子。你遇到想更深入了解的人；你帶他們出去約會，與之共度時光，讓他們喜歡上你，並決定要對其做出承諾。你買了戒指，單膝跪地，向他們求婚。你能做的都已經做了，但除非他們答應，你還不算已經訂婚。

領導者的一大苦惱就是無法讓人們承諾投入工作。當然，組織和領導者可以打造出一種環境，讓人們在其中選擇自由付出努力，為團隊的利益著想，為隊友付出更多。天知道，他們也可以做出激勵人們以完全相反的方式行事的事情。最終的選擇權屬於個人。

人們選擇不盡力投入有一些重要的原因。其中最大的兩個原因是，他們不知道自己能夠投入（畢竟這是工作），或者他們認為這只是意味著「做更多的工作」。

有些人從小就將工作視為必要之惡。當他們聽到有人說要

投入工作時，就會像看待三頭怪一樣地看著那些人。當然，不投入這似乎是個好主意，但有可能嗎？領導者需要記住，並不是每個人對工作的看法都是一樣的。這種差異往往是主管當初獲得升職的原因。

這裡還必須提出一個問題：當人們獨自工作或在很大程度上與其他團隊成員保持距離時，他們還能投入工作（或保持投入）嗎？根據我們個人和客戶的經驗，答案絕對是肯定的！當領導者和團隊成員了解參與的本質和所帶來的好處時，他們就更有可能做出這樣的選擇。領導者需要注意不同的因素（我們將在本章中討論），不能依賴像是乾洗服務、乒乓球桌或舒適的椅子等等的辦公室花招——無論如何，這些都不是真正的答案。

人為什麼會選擇投入？

想想你曾經投入工作的時候，想一想那對你來說是什麼感覺。下列這些事情裡，很可能有一些或全部都是你的親身體驗。那時的你：

- 更享受自己的工作。
- 看見自己的工作，如何為有意義或重要的事情做出貢獻。
- 與一起工作的人建立了更堅定的關係。

- 看到自己發揮更大影響力的機會 —— 也許是獲得認可或升遷。
- 提高了你的工作效率。
- 自願付出努力 —— 就因為你想這麼做。
- 引起大家的注意。

這些事情誰不想要啊？

領導者的角色

這並不能免除領導者的責任。以下是一些組織和領導者可以做的事情，來打造一個讓人們選擇積極投入的環境：

- 協助人們看見參與的價值。
- 確保人們理解願景。
- 傾聽團隊意見，找出與該願景之間的不一致之處。
- 以你的理想團隊文化為導向，進行領導、輔導和提供意見回饋。
- 自己以身作則投入。

員工的參與是自願且有自覺的。人們會選擇是否投入工

作，他們每天都會做出好幾次決定，帶著他們確認自己的承諾，
或引導他們走向另一條道路。身為領導者（無論是否擁有職
權），你都可以影響這個決定。

協助人們看見參與的價值

面對現實吧，人們可能會把「參與」看成是「他們只是想
讓我做更多工作」，但當你問人們是否想要上述清單的內容時，
大多數人都會迫不及待地點頭。人們甚至不一定需要整張清單上
的一切——一個要點或許就足以改變他們對工作的看法、他們在
工作中的角色，以及他們對投入的選擇。一旦人們看到選擇參與
投入對自己（而不僅僅是對組織）的好處，你就成功了。

事實上，當人們在家工作時，他們可能會更加重視參與，
因為他們也許在生活的其他層面更加孤立，失去了在辦公室環境
中可能得到的社交益處。

確保人們理解願景

你已經開過會了。你已經與團隊討論過計畫，並進行了多
次談話，每個人都說他們「懂了」。那麼，我們為什麼還要繼續

嘮叨這個話題呢？無論我們談論的是團隊文化還是整體業務目標，重點都是一樣的。我們可能會被任務清單所迷惑，因而忽略了全局。我們就像麥克魯漢所說的魚——忙著游泳，卻不知道自己在水裡（too busy swimming to know we're in water）。

這並不是說人們一定不同意，或選擇的行事方式與你們所有人設想的文化背道而馳；他們只是沒有像你一樣思考這個問題。

好消息是，你們的努力應該會得到很多支持。當你和同事們在設計團隊時，製作了大量的文件。你們清楚地定義和闡述了目標。你們應該有書面的計畫和協議供團隊參考和分享。

凱文非常注重凱文·艾肯貝瑞集團的整體格局和企業文化，因此在每次全體團隊的會議上，他都會先回顧我們的使命、願景和價值觀，最後再陳述我們將如何進行工作。這並不完全是我們的「文化聲明」，因為它還包括一些外部內容，但其中還是有一些共通點，也許能幫助你著手進行。

我們：

- 積極主動——無論是對內還是對外
- 不搞辦公室政治
- 有創意
- 積極進取

- 有同理心
- 加倍努力，成為值得信賴的顧問 / 資源
- 成為典型混合型團隊的模範

　　他並沒有花很多時間重新編寫這份清單 —— 畢竟我們每個月都會拿出來講 —— 但沒有哪個團隊成員，會說他們不知道我們的理想文化是什麼。我們盡可能以身作則，以這些行為樹立榜樣，也因此成了一道不錯的窗口，讓人們了解在這裡工作是什麼感覺。

　　韋恩坦承，這種定期的提醒有時確實能夠迫使他調整自己的行為。他可以更積極一些，當然也可以少一些政治色彩。小小的提醒讓他與團隊保持一致。

　　有新人要加入團隊時，這就是面試討論的前段，人們需要知道來這裡工作的大概情形。他們被錄取時，就會知道與我們一起工作是什麼樣子。如果他們不曉得期望是什麼，就不可能達成期望。即便他們知道，有時也可能需要提醒。

傾聽以找出不一致之處

　　領導者都知道，糾正或調整初次出現的行為會比較容易。

人們之所以認為當每個人都在同一地點時會更容易實行管理，原因之一就在於你可以實際看到和聽到人們每天如何互動。這給了你機會（儘管這機會不見得總是可以被好好把握），在壞習慣養成之前先予以改進。團隊文化每天都在展現。當我們彼此分開工作時，即使只是一部分時間而已，我們也無法獲得同樣明顯的線索，來了解成員之間發生了什麼。

在尋找不符合理想文化的問題或行為時有個特別挑戰，若要用大偵探白羅[8]的言語來表達的話，就是「你在尋找不存在的東西」。

請記住，在遠端和混合型團隊中，一些最具侵蝕性的行為是排斥和自我孤立。問題不在於你聽到別人在抱怨……而是你根本沒聽到他們的聲音。

當人們不再讓別人聽到或看到自己時，很有可能是他們已經從團隊中抽離了。這或許是因為他們覺得自己被排除在團隊其他成員正在進行的工作之外；也許他們的私人生活中發生了一些事情，使得工作不再是首要事務。人們不再以支持團隊理想文化的方式行事可能有許多原因：如果是暫時的，這種情況會過去；但要是長期的，這意味著情況比較嚴重，而且需要你的關注。

8　譯注：白羅（Hercule Poirot）是推理作家克莉絲蒂筆下的名偵探，登場的作品多達三十幾部，時代跨越一九二〇至一九七〇年代中期。

　　領導者應該留意這些顯示人們對團隊工作失去熱忱的跡象：

- **人們溝通方式的改變**。是否有人停止回覆電子郵件和群組聊天？當你在徵求意見或回饋時，某些人是否變得安靜？
- **人們與隊友互動的方式發生了變化，尤其是在會議中**。一向積極參與的人是否變得沉默寡言？也許他們不願意使用網路攝影機，或者一定要被點到名才會發表意見或回饋？
- **錯過截止日期和工作品質下降**。以往表現良好的人，是否突然出現了生產力和工作效率低下的情況？
- **積極度的改變**。人們是否不再自願接下任務？你是否需要明確要求成員提供協助，但以前他們明明都會自願幫忙？

　　還有一個重要的方法可以了解成員的參與程度是否有所改變——直接去問他們。這就會引導我們到下一個衡量參與度的方法，也許也是最重要的方式。

領導、輔導和提供回饋

　　與員工交談的過程，就是傾聽他們心聲的最佳機會。如果你感覺到有什麼不對勁——他們不再投入，或者他們的行為方式

與團隊其他成員格格不入——作為領導者，你的工作就是保持好奇心，更深入地了解情況。

確保人們知道如何展示他們對團隊文化的參與和承諾的最佳方法，就是以身作則。如果我們的行為符合團隊成員的期望，他們就會模仿領導者的作為。他們一直都是這樣做的。

在進行輔導會談或一對一面談時，你可以聽到人們的實際情況。積極傾聽，並留意那些表明事情不對勁的字詞或短語。

以下是一些需要注意傾聽的內容：

- 提及團隊工作時，反覆使用「我」而不是「我們」。
- 不願意擴展思維。即使你提出的是開放式問題，他們似乎也不願意發言或給出詳細的答案。
- 消極應對的語言，例如「隨便」或「我不在乎」，尤其要注意像是「還可以」這類看似安全但有誤導性的用語。

在引導輔導對話時，多傾聽比發言要來得重要。正如我們在前幾本書中多次提到的，要給團隊成員先發言的機會；他們至少應該佔所有發言的百分之五十一。

認真傾聽，也不要害怕提出後續問題。你可以問的最有力的問題之一，就是：「你為什麼這麼說？」你會對自己聽到什麼感到驚訝，而且可能不太喜歡其中的某些內容。即便如此，這也

許正是你需要知道的，說不定還能給你一個鼓勵和幫助團隊成員選擇重新參與的機會。

自己以身作則投入

身為領導者，你是一個榜樣；人們都在關注你的一言一行。你是否投入參與？你關心工作和員工嗎？你是否願意多付出一點，不是因為你必須，而是因為你願意這麼做？你是否在工作中找到了熱情和意義？

他們從你身上看到了什麼，給他們留下了這樣的印象？愛默生曾說：「你的行動所展現出的一切，遠勝於你的言語。」請記住，你的意圖雖然很重要，但人們用來評斷你（以及每一個人）的依據，是透過他們的所見所聞，而不是你的意圖。

如果你想讓你的團隊成員選擇參與，你的示範就是最有說服力的武器。

注意平衡

參與是件好事 —— 每個人都能從中受益；但也要有個限度。希望受到關注的團隊成員，尤其是遠端工作的團隊成員，可

能會覺得自願參與每一件事、隨時回覆郵件和參加會議,將被視為一種正面的表現。而領導者往往績效都很出色,尤其對自己的工作充滿熱情;這可能是他們獲得升遷的原因。

我們能否在高度投入工作、獲得所有個人和組織利益的同時,仍然擁有自己的生活?

我們辦得到。儘管對於不同的人和生命中的不同時期來說,平衡可能是不同的,但這種平衡非常重要。優秀的領導者以身作則的是投入參與,而偉大的領導者以身作則的則是工作與生活的穩固平衡──因為這也是他們的團隊所需要的。

是個別情況,還是多數人都這樣?

如果你確定存在缺乏參與的情況,請問問自己這個問題:**這是個別情況,還是一種爆發?**

如果只是個人問題,那就盡力去探究缺乏參與感的根源。幾乎沒有人能夠百分之百地投入團隊。我們總會有幾天過得不太順利,積極度和行為也有碰上低谷的時候。一句善意的話、示意他們在工作中的價值和他們的重要性,以及對於理想團隊文化的提醒,都會有幫助。

倘若有具體的挑戰,身為團隊領導者,請盡你所能地提供

協助。他們也許需要培訓，或可能需要與其他隊友進行討論，這是你可以幫忙促成的。如果他們的私生活中有什麼事情影響了他們的工作，也請盡力滿足他們的需求。

如果不參與團隊的現象更為普遍，那麼也許是時候向團隊提出這個問題了。同樣地，領導者需要少說多聽。同時也請考慮採用非同步和匿名的方式來了解團隊的情緒，而不是召集所有人開會來「討論問題」。此外，你並不是想要「處理」他們，而是要了解他們為什麼選擇不投入；看看你能做些什麼，來協助他們改變選擇。

如果團隊文化似乎存在著嚴重的問題，那就找出根本的原因。可能是你的團隊設計需要重新檢視，也可能是你可以解決的外在因素。

比方說，團隊組成以來的人事變動，以意想不到的方式影響了團隊文化。期望新人只要「跟著流程」工作就好，是合理的嗎？還是應該重新審視和評估團隊設計，並設定新目標？

無論人們自團隊抽離的原因是什麼，領導者或團隊成員最不該做的就是置之不理，希望問題主動消失。問題很少會消失，而且往往會擴散到團隊的其他成員。雖然我們都不喜歡愁雲慘霧的感覺，但好發牢騷的人卻很愛互相取暖。

投入參與來自於個人的內心，但這並不意味著領導者和隊

友無能爲力，無法協助人們選擇參與他們的工作、團隊和理想的文化。

小結

參與度不僅僅是調查問卷上的一個分數而已，當然也不只是領導者的行動項目。投入參與是一種個人選擇，可以由領導者和隊友共同推動。當你運用我們討論過的理念和思維模式時，你的團隊真正參與和合作的機率就會提高。

結論

　　我們在本書的開頭就說過，我們並不是在繪製一張後新冠疫情時代的路線圖。然而，疫情讓我們暫停了腳步，並將引領我們以新的方式，來思考設計和重新設計團隊。我們希望本書能對這些努力有所貢獻。

　　特別是混合型工作的興起，挑戰了人們關於團隊如何工作、人們如何合作，以及優秀團隊文化的構成要素為何的相關假設。我們很容易就會認為可以利用這個時機，來設計或重新設計我們的團隊、打造或維持我們的理想文化，接著就能繼續工作了。

　　這種想法很誘人，但卻是錯誤的。

　　工作這件事在我們的周圍不斷演變。我們所從事的工作以及我們的互動方式，將會繼續變化。團隊成員離開，取而代之的是擁有不同技能、承擔和才能的新人。科技改變了我們彼此之間的工作方式，甚至連工作的本質，也會隨著時間的推移而轉變。

　　而且，人都會老，個人情況也會有所變化。那些為育兒而煩惱的人所重視的事情，對空巢期老人來說就不那麼重要了。一

個人在職涯初期的投入程度，可能與他在接近退休時的投入程度天差地遠。人際關係可以變得更穩固，但也可能破裂或瓦解。我們都是人，你的團隊裡有多少人，就有多少會影響團隊設計和文化的因素。

即使外在環境沒有任何變化，人類的本性還是會回到舊的習慣或思維模式。僅僅因為人們認同並承諾以某種方式工作，並不能保證他們今後會繼續保有其參與度和積極度，並注意彼此之間的合作方式。

不時對團隊的設計和文化進行評估非常重要。好消息是，你現在擁有可以讓這項工作變得更輕鬆、壓力也沒那麼大的資源。只要有需要，你就可以隨時回到我們討論過的概念中，重新審視正在發生的事情。

我們的目標是為你建立一種方法，讓你得以：

- 評估（或重新評估）你的團隊設計和文化。
- 找出你的理想與每個人每天遇到的情況之間的差距。
- 鼓勵你的團隊投入，重新建立與那些崇高目標的連結。
- 輔導團隊，使其具備維護團隊文化所需的行為和思維。
- 讓自己保持在正軌上。

最重要的是，即使你現在發現你的設計並未打造出你想要

的團隊文化，你也知道該怎麼做了。

　　建立團隊和文化（無論是大文化還是微文化）都不是一件容易的事。無論你是高階領導者、團隊主管，還是試圖以身作則的個人，都需要大量的思考、紀律和技巧。

　　透過《帶領遠端團隊》、《遠距隊友》和現在的《遠距團隊》，我們的使命是為所有組織的各級領導者提供協助。倘若你同時應用上述著作，你就擁有了資源、支持和靈感，來設計、打造並帶領一支出色的團隊，得以克服距離和混合型工作帶來的挑戰。

　　與我們所有的「遠距」系列作品一樣，我們為本書建立了能為你提供協助的線上資源，請到：

　　https://longdistanceteambook.com/ 上查看。

　　如果你想談談你組織的現況，或需要額外的協助，請聯絡我們凱文・艾肯貝瑞集團。無論如何，我們都祝福你們在打造一個成功、團結且衝勁十足的遠距團隊任務中披荊斬棘。

致謝

　　這是我們經歷新冠肺炎疫情後撰寫的第一本書。我們必須承認，本書中的許多經驗教訓，都直接來自於我們的同事、客戶和朋友。這雖是一段瘋狂且充滿壓力的時期，但在所有這樣的歷史時期，人們都有機會學習和成長。因為我們不想浪費任何經驗，所以我們感謝他們與我們分享的教訓。

　　我們盡量不使我們的工作過於理論化；相反地，我們把它建立在我們所知的有效方法之上。在這些經驗教訓中，有許多是我們在凱文·艾肯貝瑞的隊友和同事們教給我們的，他們不斷讓我們知道承諾、努力工作和一點幽默可以實現什麼。我們也要感謝我們的家人，感謝他們的支持、關懷和理解。最後，貝雷特－科勒（Berrett-Koehler）出版公司的團隊，仍然是在虛擬世界中打造創意合作關係的一個出色典範。信任、創新和連結是不分地域的——對我們來說，作為我們出版商的他們，與我們的關係又再度證明了這一點。

凱文的話

在我被引介給一個群體、列舉了我的一些成就、著作等等之後，我會接著提到，該群體應該知道的最重要事情是，我每天都在領導。我相信領導工作讓我腳踏實地，讓我們的工作更有效、更有價值，也包括這本書。超過二十五年——其中有十多年是遠端——的領導工作，為我提供了範例和想法，並激發我實踐我們所教的內容。無論是過去還是現在，如果沒有凱文·艾肯貝瑞集團的傑出團隊，這一切都不可能實現。我感謝你們所有人。

當然，這些經驗和見解來自我們的客戶和同事——他們的名單太長，不勝枚舉，所以我就不一一詳述了。你們都知道自己是誰。你們每個人都很寶貴，沒有你們，就沒有凱文·艾肯貝瑞集團。

我在《卓越領導》（*Remarkable Leadership*，暫譯）一書中寫道，**當我們成為更好的領導者時，我們也會成為更好的人——反之亦然**。這是我把個人成長與專業發展連結在一起的方法。更具體地說，我正是從我的家人身上，不斷地學習如何成為更好的人、領導者、培訓人員和作家。我所有的愛和感謝都獻給洛蕊、帕克和凱爾西，同時也獻給媽媽、瑪麗莎、洛蕊的家人以及我所有的親人。

最後，我感謝我的主和救世主；祂賜給我恩典、愛和寬恕，並賜福讓我能夠完成祂安排我在這個星球上該做的事。

韋恩的話

我很幸運，在我的整個職業生涯中，至少有一部分時間是遠端工作，或擁有遠端團隊成員。我的工作生活始於電子郵件興起的同時，這使得人們可以在任何地方工作；它為工作場所和整個世界帶來的變化令我著迷，能夠記錄這些變化並幫助人們了解新環境，是我的榮幸。

我們所從事的工作，以及我在其中學到的經驗教訓，都不是理論性的。我的同事和客戶不斷帶給我靈感、驚喜和活力。我對你們所有人心存感激。

在這段時間裡，沒有改變的是家人對我的愛和支持。不只是尊貴的老婆大人，還有我在加拿大的家人——強大且充滿愛的遠端連結並不是專屬於工作場所的存在。

用這些額外資源來拓展你的學習

電子報

我們的各種電子報富含有力的文章和豐富資源，可同時帶給你新奇的想法和已證實的技巧，幫助你成為更有效也更有自信的領導者！

部落格

提供有關領導力、溝通、工作的未來景況等的最新思維！

DISC行為模式理論

藉由我們的免費評估和其他DISC資源來深入了解你的DISC溝通風格，以及如何運用DISC模式讓你更加成功。

《13天成就卓越領導力》系列影片

根據凱文的暢銷書《卓越領導》改編而成，這套免費的系列影片包括十三部短片及配套學習工具，其中充滿了你可以立即付諸實踐並取得成效的想法和策略！

若需更多資訊，請前往 KevinEikenberry.com.。

關於作者

凱文・艾肯貝瑞（Kevin Eikenberry）

凱文・艾肯貝瑞是世界公認的領導力發展和學習方面的專家，也是凱文・艾肯貝瑞集團（KevinEikenberry.com）的執行長。在過去的三十年裡，他曾與來自五十三個國家和世界各地組織的領導者合作。

他曾兩度入選為由《Inc.com》雜誌評選的全球百大領導力和管理專家，全球著名研究機構Global Gurus也將他列為領導力思想領袖排行榜的第二十二位。其著作或共筆作品近二十部，包括《卓越領導》、《從老弟到老闆》（*From Bud to Boss*，暫譯，與蓋伊・哈里斯合著），以及與韋恩・杜美合著的《帶領遠端團隊：跨國、在家工作、自由接案時代的卓越成就法則》和《遠距隊友》。你可以在凱文・艾肯貝瑞集團的網站（KevinEikenberry.me）上，了解更多關於凱文、他的部落格及Podcast的資訊。

他為自己的工作和成果感到自豪；但讓他更覺得光榮和感恩的，是每天與他共事的團隊以及他們所服務的客戶。

韋恩・杜美（Wayne Turmel）

二十五年來，韋恩・杜美一直對人們在工作中的溝通（或是不溝通的）方式深感興趣。他在過去十六年裡都專注於不斷變化的遠端工作和虛擬交流世界，而且不只是研究而已——他也每天都將其付諸實踐，既帶領著遠端團隊，也會在家或其他地方工作。

韋恩在該領域的工作得到了國際認可，曾受管理學大師馬歇爾・葛史密斯（Marshall Goldsmith）讚譽為「領導力領域最獨特的聲音之一」。

韋恩是十四本著作的作者或共同作者，其中包括遠距工作系列的前兩本書《帶領遠端團隊：跨國、在家工作、自由接案時代的卓越成就法則》和《遠距隊友》，以及其他關於虛擬通訊和遠距學習的書籍；他甚至還寫過五本小說。

他居住於拉斯維加斯，在那裡生活、教學和寫作。

凱文．艾肯貝瑞及韋恩．杜美另合著有

　　《帶領遠端團隊：跨國、在家工作、自由接案時代的卓越成就法則》

　　《遠距隊友：在隨時隨地的工作中，維持參與度並維持連結》（*The Long-Distance Teammate: Stay Engaged and Connected While Working Anywhere*，暫譯）

DH00437

遠距團隊：打造溝通無礙合作無間的成功團隊

作　　者—凱文・艾肯貝瑞（Kevin Eikenberry）、韋恩・杜美（Wayne Turmel）
譯　　者—林幼嵐
主　　編—林潔欣
企劃主任—王綾翊
美術設計—比比司設計工作室
排　　版—游淑萍

總 編 輯—梁芳春
董 事 長—趙政岷
出 版 者—時報文化出版企業股份有限公司
　　　　　108019 臺北市和平西路 3 段 240 號 3 樓
　　　　　發行專線—（02）2306-6842
　　　　　讀者服務專線—0800-231-705・（02）2304-7103
　　　　　讀者服務傳真—（02）2306-6842
　　　　　郵撥—19344724　時報文化出版公司
　　　　　信箱—10899 臺北華江橋郵局第 99 信箱
時報悅讀網—http://www.readingtimes.com.tw
法律顧問—理律法律事務所　陳長文律師、李念祖律師
印　　刷—勁達印刷股份有限公司
一版一刷—2024 年 3 月 22 日
定　　價—新臺幣 380 元
（缺頁或破損的書，請寄回更換）

時報文化出版公司成立於一九七五年，
並於一九九九年股票上櫃公開發行，於二〇〇八年脫離中時集團非屬旺中，
以「尊重智慧與創意的文化事業」為信念。

遠距團隊：打造溝通無礙合作無間的成功團隊／凱文・艾肯貝瑞
（Kevin Eikenberry），韋恩・杜美（Wayne Turmel）著；林幼嵐譯.
-- 一版. -- 臺北市：時報文化出版企業股份有限公司, 2024.03
224面；14.8*21公分. -
譯自：The long-distance team : designing your team for the modern
　　　 workplace
　ISBN　978-626-374-942-9（平裝）
　1.CST: 組織管理 2.CST: 電子辦公室 3.CST: 職場成功法
496.2　　　　　　　　　　　　　　　　　　　　　　113001258

ISBN　978-626-374-942-9
Printed in Taiwan